Unbox Your Life!

［德］托比亚斯·贝克
（TOBIAS BECK）著　杨耘硕 译

钻石思维

正向改变的12种思维逻辑

无论何时，只要你发现自己所处的"鱼缸"太小了，那就跳进一个更大的"鱼缸"吧。如果你发现自己又已经成了"鱼缸中最大的那条鱼"，那就再跳出来，让自己进入一个更为广阔的空间吧。

CONTENTS 目录

前　言 　　　　　　　　　　　　　　　　　　　　　　　001

1　影响人的行为模式的重要元素——镜像神经元　　001
2　远离"吸血鬼"，别让他们偷走你的"生命粒子"　　009
3　不发牢骚的"蚂蚁"，也容易被"抱怨狂"拖累　　029
4　做自带光芒的"钻石"，将能量汇聚一身　　　　035
5　成为令坏情绪胆寒的"超级明星"　　　　　　　041
6　想要成功，是顺从环境还是做出改变　　　　　　047
7　把头等舱乘客的行为方式转移到自己身上　　　　055
8　放大格局，做好为一切赴汤蹈火的准备　　　　　075
9　从你的人际关系账户中提款之前，应当先储蓄　　085
10　只有痛苦和兴趣才能激发你做出改变　　　　　091
11　四个重要的生命元素　　　　　　　　　　　　101
12　将生命想象成一条股票涨跌曲线　　　　　　　115

13	镜像神经元的程序设定指南	119
14	在你的一生中，哪些困境让你变得强大	139
15	不要向别人征求许可	145
16	让自己保持敏感	149
17	你当像鱼跃入更宽的海	155
18	纵身一跃，体验"心流"	161
19	外界的"良策"，不如你的导航系统	167
20	钻石是在高压下产生的，你也一样	175
21	通往内心之路	183
22	拥抱自己的不完美	189
23	你彻底变了	195

文献清单　199

致　谢　201

前　言

"汉莎航空的这趟航班一般都会晚点。"我惊讶地看着这位从罗马来的邻座，盯着他那双无神的眼睛。我才刚坐下不到一分钟，在此之前我并不认识他，然而他的这句话让我毫不迟疑地按下了座位上方的呼叫按钮。

您一定会问我为什么这么做，此时我想先问您一个问题：您是不是也认识这类人？他们会将一切都看得很糟糕、很可怕，他们会吹毛求疵，嫌冬天太冷，夏天太热，药店宣传单上的养生天气预报只会触发他们消极的感受，他们的一天总是转瞬即逝……这类人存在的意义就是让自己出现在您的身旁，然后将您生命中的能量全部榨干。

您明白我的意思了吗？很好！那您知道我会如何称呼这类人吗？请好好往下看。

我按下了呼叫按钮,空姐走到了我的身边,询问我需要什么帮助。

"我身旁坐了一个'抱怨狂'。"

"一个什么?"

显然,我的回答令她大吃一惊。

"抱怨狂。"我面不改色地重复道。

很快,我获得了新座位。

为什么我要费这个心思?

因为如果我不这么做,我边上这位一定会利用从法兰克福到慕尼黑的整段航程来向我抱怨自己极度艰难的生活。

"抱怨狂"就是爱抱怨,而且还会激情澎湃地抱怨。您肯定也有过类似的经历吧。那时的您,肯定想直接送给对方一桶彩色粉笔,请他赶紧出门涂鸦,这样您就能摆脱困境了。遗憾的是,您很少能成功赶走"抱怨狂"。

我已经找到了最好的办法对付这类让人不舒服的伙计,您在今后的生活中也可以用此法来摆脱自己身边的"抱怨狂"。

让我们打开天窗说亮话吧:"抱怨狂"究竟什么样?

他们无聊的时候会在网上搜索疾病;

他们会按照阴历来生活,并将养生天气预报奉为圭臬,以便为自己的病痛找到合适的理由;

他们会在玩《俄罗斯方块》的时候抱怨四方形砖块没法旋转;

他们提到"目标"一词时,指的肯定是周末,并且还会抱怨说,为什么周六和周日之间没法再多加一天。

……

这么做不会给他们自身带来什么影响,因为他们已经习惯了不停地抱怨,然而"抱怨狂"有一个令人抓狂的毛病:开口说话!

您知道他们为什么要这么做吗？其实是因为他们想要不惜一切代价乞求别人的关注和认可，然而"关注度"会引发一个问题："人们越是关注一件事情，这件事情就会显得越严重！"

这句话可不是白说的，就拿生火来举例吧：想象一下，此时的您正在用一块硬纸板给篝火扇风，那么您最关注、最照顾的那个区域在您眼中一定会显得越来越大。

这个道理对您和那些"抱怨狂"而言也是如此。"抱怨狂"会通过与您交流的方式来进行繁殖，而这会导致哪些后果呢？如果您对这些"抱怨狂"的关注度过高，会发生什么？没错，您自己最终会变成他们中的一员。您想这样吗？肯定不想吧！这就是我写这本书的原因：我想让您和我一样，生活在一个"抱怨狂"很少出没的世界里。在我的世界中很少有人会抱怨甜甜圈中间有个圆孔，因为我遇到的绝大多数人只有一个目标，那就是成为一个成功的、快乐的人。虽然我还没能创造出一个神秘的公式，但我在过去的十五年中一直致力于研究那些能够使人成功的因素，我发现所有成功的人都有一个共同的特点：他们的生活中没有……没有什么呢？您猜到了吗？没错，答案就是：

没有"抱怨狂"。

这本书会为您描述一段多彩的旅程,让您看到我在生命中遇到的那些"抱怨狂""蚂蚁""钻石""超级明星",让您知道我的热情是在哪里燃烧的,以及您能在哪里点燃自己的热情。我并不觉得自己属于那些最成功的人士,然而我感觉自己的内心非常富有,因为我每天都能感受到自己的热情,并能将一部分热情带给别人,帮助他们获得成功。如果您也想获得来自我的这份热情,那就请您继续读下去吧。祝您在阅读中获得愉快的心情。

对了,还有一件事:我们在接下来的时光中会变得越来越熟,所以我可不可以用"你"[①]这个称呼呢?如果我们有朝一日能在真实生活中相见,那我们当然可以再商量一下要不要继续用"你"来称呼彼此。

---

① 德语和汉语一样,也存在尊称(即"您"),从本段开始,作者对读者的称呼将从"您"变成"你"。——译者注

CHAPTER

影响人的行为模式的重要元素
——镜像神经元

成功很简单。实话告诉你吧,成功之匙其实就在你的眼前。这句话一点儿都不错。你现在需要做的,是仔细观察一下自己身边的环境:你和谁生活在一起?和谁共事?你的周围充满了正能量吗?你会和谁共同度过闲暇时光?这些都是最最重要的问题,另外,你同哪五个人相处的时间最长?请将他们的名字写下来。

这五个人是谁?他们有哪些特点?

1._____

_____

2._____

_____

3._____

_____

4._____

5._____

这关系到我的第一条重要法则：我敢确信，你的目标以及你追逐成功的过程，都会受到这五个人的影响。听起来难以置信，但事实的确如此。我们自己的形象就是我们最常打交道的五个人的缩影。为什么这么说？又如何证明呢？答案是：我们的大脑创造出了一个十分有趣的元素——镜像神经元。

这些精美绝伦的神经元位于人眼的后方,虽然我从来没有见过你的镜像神经元,但我可以向你保证,它们真的能够洞察一切。这个说法已经具备了稳固的科学基础。镜像神经元是神经细胞的一种,在我们观察某个场景时,这些细胞能够触发与该场景相符的感觉模式和行动模式,从而让我们有一种身临其境的感觉。你觉得难以置信?著名的"哈欠现象"便是证明这类细胞存在的最简单的例子。

下面这一幕相信我们每个人都曾经历过:如果有人在汽车或地铁中朝着你打哈欠,那你头脑中相同的模式便会被激活,此时你也会不由自主地跟着打一个大大的哈欠,甚至有些人在阅读这段文字的时候也会有打哈欠的冲动。怎么,你也有了要打哈欠的感觉?看来你的镜像神经元正在完美地工作着。

而这一切对你的生活而言又意味着什么呢？在日复一日的工作中，你观察到的都是那些愁眉苦脸的同事吗？那些被一大摞申请表或被那张不舒服的、不符合人体工程学设计原理的办公桌折磨的同事？每天晚上你都会见到那位对生活不满意的室友吗？那位必须先给自己灌三瓶啤酒才能与这个世间的一切和解的室友？此时，你的头脑中会发生什么？没错！你的镜像神经元会下意识地接收观察到的模式，并迅速让自己浸溺在那位伙计的第四瓶啤酒中。

镜像神经元不仅会让我们共同经历身边的人的行为（比如肢体语言、表情等），并将这些当成自己生活的一部分，还能促使我们模仿他们的行为。你对此别无选择，毫无意识地模仿着周遭环境中出现的情景。

然而这么做也是有好处的：在曾经的石器时代中，模仿具有重大意义，这种模仿是我们人类得以生存的关键。谁的行动如果与族群的不一致，那么等待他的只有死亡。虽然时至今日，绝大多数场景已经不再关乎生死，然而和几千年前相比，我们的大脑并没发生什么太大的改变，在这一点上，科学家们已经达成了共识。对于人脑的控制中心而言，保护我们免受危险依旧是优先级最高的任务，大脑最希望的就是一切能够照旧，最期待的就是你没有胆量走出洞穴太远，因为远方隐藏着种种危险。

　　以上这些与我们目前的生活又有什么关系呢？请诚实地面对自己，想一想，我是否能仅通过你介绍的这五位朋友便描述出你的一系列特征？我至少能知道你的收入水平、你的爱好以及你是否读书，如果读的话，会读哪些书？我还知道你是更喜欢打开那台会令自己的收入毁于一旦的电视，还是更乐于去参加一些有助于自我提升的课程。你和你的朋友会穿相似的服装，并拥有相似的生活方式。你在吸烟与饮酒方面的特征也会与这五个人息息相关。为什么？答案依旧是镜像神经元！模仿和适应的过程正是在这些神经元中发生的。

　　再给你讲一件好玩的事儿吧：你难道没有发现，很多狗主人和他们的爱犬相似到难以分辨？他们究竟是谁找到的谁？

我能想象到,在阅读刚才的内容时,你一定眉头紧锁,就像之前思考哪五个人与你共度的时光最多,哪五位应当上榜时一样。"为什么之前没人跟我提过这些?"别担心,你绝不是第一个在反思的时候提出这个问题的人。

俗话说得好:"物以类聚,人以群分。"早在上学的时候,我们身边便有了一个个特征鲜明的小团体,"运动健将"有自己的小圈子,"音乐大师""科学天才"以及其他类型的学生同样也会抱团。你难道没有发现,这些小群体里的人在穿着打扮和日常行为方面都很相似?所有的群体其实都是如此,只要群体成员在一起的时间够久,这又回到了我在本章开头谈到的话题:你身边的人将会在很大程度上决定你的成败。

对自己的周围环境有一个清醒的认识,对每个人而言都十分重要。极端的情况是很少出现的。我猜你身边的朋友不会都是爱运动的、友善的、自力更生的人,他们不都是很好的谈话伙伴,不都那么沉稳平和、善于自省。这是再正常不过的情况。但我觉得你那五位"最好的朋友"应该也不会是那种吃得很胖的、抽着烟的、借助八卦小报或宣扬阴谋论的媒体来搭建自己的世界观的人,否则你现在

就不会把这本书捧在手里了。有一点是肯定的：人们都喜欢与自己相似的人。

也许有人向你推荐过这本书，甚至直接将它送给了你，而你也许是他的名单中那五个最重要的、能够与他共同改变世界的人之一。你应该好好把握住这样的朋友，并在这个过程中针对自己的人生做出明确的决定。

我和我的妻子丽塔（Rita）就是这么做的。我们已经共同决定，在我们的人生中只接纳能帮助我们向上的人，而不去理会那些拖我们后腿、让我们退步的人。那些人很可能就坐在你的身边，甚至与你同眠共枕，这一点我们在后面的章节还会提到。

简而言之，这对你来说意味着什么？如果你真的想取得成功，你需要找到合适的人来滋养你的大脑和镜像神经元。如果你想减肥，那你应当寻找的人就绝对不能把卷香烟当成一项体育运动。

CHAPTER

远离"吸血鬼",
别让他们偷走你的"生命粒子"

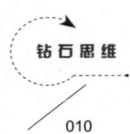

下面这类事儿谁又没经历过呢：周一的清晨到来了，你已经感受到自身的能量，以及对新一周的期待，然而在看到自己的"抱怨狂"同事那张面无血色的脸时，你的好心情和动力瞬间便灰飞烟灭了。如果你已经受够了这一切，想成为一个真正的成功者，那么你身边的人在踏进一个房间的时候绝不能是心如死水的状态，而是应当带着燃烧的热情，因为镜像神经元！镜像神经元是你宝贵的财富，而且极度敏感，你应当适当地呵护它们，让它们免受伤害，否则你迟早也会变成"抱怨狂"。

想到"抱怨狂"，我眼前会浮现出下面的场景：这类人虽然肉体还在，但灵魂早已死去，由于还想在自己的葬礼上再抱怨几句，所以他们死去的灵魂尚未入土，就如同吸血鬼一般。你身边恰恰就有这样的人？你的脑海中已经浮现出了他们的名字？那就赶紧把这些名字记下来吧。

在这里，我想同你分享一个故事：

"托比，"丽塔轻抚着我的手，"今天我们去的那个派对，在场的都是正常人，他们既不知道你是做什么的，也不想让你给他们上一堂人生培训课。就让我们共同度过一个美好的夜晚吧，如果你觉得压力太大，那我们就一起去阳台上待一会儿，如何？"丽塔是我的妻子，那天她的同事要庆祝三十岁生日，而我们当时正在赶往派对的路上。通常在前往一个没有熟人的地方之前，我都会被妻子按在沙发上，听上一段有关公共场合言谈举止的提示。

有件事你必须相信我：我永远都会尽自己最大的努力

来遵守这些规矩,有些时候我真的做得很棒,但那一天并非如此。

你在派对上有过这样的经历吗:明明客厅有四十平方米大,但所有人都挤在那个只有五平方米的小厨房里?我去的那天就是如此!在发现有人用疑惑的目光打量我时,我便有了一种不祥的预感。随后,我用最饱满的热情对着人群高喊了一句"晚上好",换来的却是零零星星的尴尬笑容和颔首示意。我觉得不妙,并疑惑地对妻子耳语道:"亲爱的,这究竟是你同事的三十岁生日派对,还是某位我不认识的阔绰大佬的葬礼宴席?"丽塔面带微笑,把我推到了一个放着分层沙拉和一次性餐盘的角落。

在我将葬礼餐食……哦,不好意思,是派对餐食往盘子里盛的时候,我发觉身旁正有个人冲着我小声咕哝:"你务必小心一点,我上周刚看过医生,医生用锉刀锉掉了我脚上的腱鞘囊肿,那个地方现在还在渗血,你可千万别踩到我啊。"古老的哲人说:你可以从一个人的话语和腔调中判断出他是什么样的人。失败者总会聊起麻烦事,并中伤他人,而成功人士的话题则是创意和目标。

站在我身边的这位就在用疾病定义自己——典型的

"抱怨狂"做派。我的汗毛竖了起来,手心里全是汗,看来我对"抱怨狂"已经有了身体上的反应。在伸手可及的范围内没有加冰块的饮料能让我迅速冷却一下自己的镜像神经元,我只好求助于那句对付"抱怨狂"的万能金句了。我面带微笑,友好地对他说:"我不想跟你聊下去了。"事情怎么会发展到这一步?出于对妻子的爱,我可以对只有分层沙拉的聚会睁一只眼闭一只眼,然而在闲暇时光中面对"抱怨狂"?不!我绝不会这么做,永远不会!

丽塔正用哀求的眼光看着我,而此时,"哎""啊"的声音已经开始从各个方向传来。显然,整个厨房的注意力都已经转移到了这个"派对抱怨狂"以及他那只受伤的脚上,然而这场令人窒息的闹剧还没完。此时此刻,所有人都想证明自己比身边的人病得更重,或者他们至少认识一个情况更糟糕的朋友。这不是一个三十岁生日派对,而是一场针对镜像神经元的血腥屠杀,还伴随着令人作呕的疾病教学——而我只能深陷其中,汗如雨下。

　　我用求助的目光打量着厨房,终于在冰箱上发现了一支笔。我用这支笔在厨房门的上方写下了一串电话号码:0800/1110111。这是谁的电话?你可以打一下试试,这是心理治疗热线。你笑了吗?然而这样的事的确发生了。说实话,当时我真的再也忍不下去了。我不能让自己宝贵的镜像神经元遭受这一切,尤其是在我的闲暇时光时。

这正是我们要讨论的重点。很多"抱怨狂"都有一个特别的爱好：他们太喜欢和疾病打交道了。相信你也认识这类人吧：他们周一背疼，周二牙疼，周三肚子疼，周四又开始头疼。你已经将这些另类写到之前的清单里了吗？如果还没有，务必赶紧补上。某些媒体甚至会将焦点放在这些"抱怨狂"身上。《卓越退休者》（Rentenbravo）[①]有没有跟你讲过什么？这类媒体正是药房期刊或者类似的宣传材料。这些免费的杂志真的已经拥有了2003万忠实读者（数据来自2015年）。每月关注这些疾病及其并发症的人群数量高达两千万，如果你在夜里叫醒他们，他们可以一口气给你描述二十种不同类型的头疼，当然还有针对每种头疼的特定药物，这些"抱怨狂"养活了一整条产业链。

[①] 德国的一本医药类杂志，别名《药房周刊》（Apotheken Umschau）。——译者注

你必须十分注意呵护自己以及自己的镜像神经元,当然这没那么容易,我自己也不是每次都能做到。说到这里,我想跟你分享一个小故事:某年春天,在参加完某个时装品牌的报告会之后,我疲惫不堪地回到德国。在法兰克福机场,我径直走向药房,想买点药物来预防最近爆发的流感。药房的工作人员友好地接待了我,在道别时,一位女药剂师突然问了我一句:"您听没听说过《蜱虫时报》?"

"什么?"我很疑惑。

"《蜱虫时报》!"那位女士的白大褂令人胆寒,"您家有孩子吗?您正身处疫区。"

在回市区的地铁中,我一直在琢磨这个"疫区"到底指的是什么,与此同时,我那些疲惫的、同时也被激怒的镜像神经元已经开始和这份"精品"杂志中的内容互动了。与此同时,坐在我正对面的机场工作人员正充满怀疑地盯着这份杂志的封面。

我坐在车厢里,有生以来第一次开始专注于蜱虫。正如我所读到的一样,蜱虫属于蛛形纲动物,这些不停繁殖的生物会蛰伏在树丛之中,它们存在的唯一意义就是为了死死咬住我们不松口,然后,按照《蜱虫时报》的说法——

让我们因脑炎而丧命。去年欧洲范围内的病例高达 234 例。对我而言，此时有一件事再清楚不过了：我必须与以前粗心的做派说再见，哪怕仅仅为保护我的儿子。黑森州在地图上被标红了，这意味着此处的蜱虫尤其多。我继续恐慌地翻着，心想：对此一定要有一个解决方案。我在最后一页读到了下面这段话：

将神奇蜱虫喷雾（每瓶 29.99 欧元）喷到腕关节，每天两次，蜱虫便会无影无踪。

17 分钟之前，我刚刚在机场药房买完感冒药；17 分钟后，我又心神不宁地踏入了这家药房位于火车站的分店。"来一瓶蜱虫喷雾。"我已经听到了自己的咳嗽声。"好的。"机场药剂师的"克隆版"答道。（此时"镜像神经元"又发挥作用了，因为天下所有的药剂师样子仿佛都差不多。）两个小时之后，我坐在家里，将百叶窗紧闭，全身都喷上了蜱虫喷雾，臭不可闻。"托比，你到底怎么了？"我的妻子问道，"大白天的，你为什么要拉百叶窗？""亲爱的，我们在疫区，已经有 234 个欧洲人可怜地死去了。"我小声嘀咕道。

我为什么爱我的妻子，接下来发生的事便是原因之一：

她平静地拿起了计算器，用5亿除以234，告诉我在欧洲死于蜱虫的概率是两百万分之一。于是我又拉起了百叶窗，并将那瓶化学药剂扔进了特殊垃圾桶里。我们真的要尤其小心那些朝我们袭来的东西。

你要好好想想，自己应该花时间读哪些书，阅读哪些消息，看哪些节目。就拿我的小姨希尔德加德（Hildegard）来说吧，你完全没必要问她最近过得如何，你只要看看"养生天气预报"就足够了！北德人今天会牙疼，南德人今天会背痛，西德人今天会过敏。

请列举出五个你正在消费的，或曾经消费过的"抱怨狂媒体"：

1._____

2._____

3._____

4._____

5._____

有一件事是再清楚不过的：你在"抱怨狂"以及他们身边那些"抱怨狂媒体"上花费的时间越少越好，他们会偷走你的"生命粒子"，而这些"生命粒子"你永远也不可能再得到了。这些粒子究竟是什么呢？

针对"生命粒子"，我曾亲身经历过一段故事。几年前，我和丽塔曾在印度南部旅行，恰好路过一片神秘地带。在那里，有一群人将"人格的发展"视作己任。他们会帮助当地政府在街上分发与人格发展主题相关的图书。我们与他们攀谈后，这些人便带我们来到了一座寺庙，寺庙中有一面巨大的墙，上面的文字为到访者讲述了下面的故事：

在我们刚刚降生的那一刻，我们的身体中充满了蓝色的小粒子，这些就是所谓的"life source particles"，翻译过来就是"生命粒子"。能量吸血鬼（用我的话来说就是

"抱怨狂")需要靠这些生命粒子过活。我们和"抱怨狂"每打一次交道，就会有一颗生命粒子从我们身上转移到"抱怨狂"的身上，这就意味着我们永远失去了这颗粒子。在孩童时代，我们拥有很多这种蓝色的生命粒子，所以我们充满了行动力，也愿意从各种视角来观察生活。然而生命粒子的数量是有限的，只要想一想自己的一生中究竟要和多少情绪低落的人打交道，我们便会明白保护自己以及自己的生命粒子是多么重要了。而且，只要伤害自己或者身边的人一次，我们就会有一颗生命粒子破裂，这也就是为什么我们身边有些人看起来总是如此疲惫消沉，因为他们生命粒子的库存已经消耗殆尽。

在阅读的过程中，你已经列出了多少个自己身边的"抱怨狂"？请记下五个对你伤害最大、曾偷走你最多生命粒子的人：

1._____
2._____
3._____
4._____
5._____

我们一起来审视一遍你的名单吧。上面都有谁？这里肯定会有一些熟人和朋友吧。他们中的一些人会让你不得不自问，为什么每次见面之后，你体内的能量都会不升反降？面对这样的人，你必须立即采取行动，将他们从你的生命中画掉，至少要极力缩减同他们的交往。

还有谁在这个名单中？有同事和老板？当然！几乎每个办公室都会存在"抱怨狂"。"可是托比，我每天都要和这些人共事呀，既然不可能让他们消失，那我能怎么办？"在这种情况下，你应当严格地审视一下自己的行为：在这些"抱怨狂"同事抵制每一次变革，甚至对抗身边的一切时，你是不是一直都在扮演一个忧心忡忡的听众？如果是这样，那么在面对他们不间断的造访时，你自己对此也同样也负有责任。你最好能展现出与他们相反的一面：坚持将表扬和积极的反馈大声说出来，而不是在茶水间里偷偷抱怨他人。永远不要表现出一副受害者的姿态，因为这份工作以及你身边的同事都是你自己选的。如果你不喜欢，那就换个部门，或者干脆换个公司。还有一个更好的方案——创建自己的公司，让自己不受他人的影响。此时，你是一个大有潜力的人，因为你已经将自己置于挑战之中了。

也许你的"抱怨狂"名单里还有你的家人。此时你面临的挑战会更大，因为我们几乎不可能完全摆脱与家人的关系。重要的是，我们要明白这些人摆出一副"抱怨狂"的姿态，究竟想要达到什么目的。他们想要获得关注和认可，这本身倒没什么，因为我们每个人都会有这种需求，然而"抱怨狂"为了得到这些，运用的策略有待商榷：他们认为，将那些能引起他人同情的元素应用到交流之中，会让他们更容易获得关注和认可。

同不断抱怨相比，要想同他人建立联络，还有什么更

值得推荐的策略吗？我觉得"抱怨狂"的策略实在太麻烦、太耗费精力了，所以会用另外一套方案：用积极的经历来获得关注，用达成目标来获得认可。我不想与那些总来找我抱怨的人打交道，因为这会让我认识越来越多的"抱怨狂"，导致恶性循环。

在这里，我还想再同你分享一个"抱怨狂"的故事：

故事发生在一艘远洋游轮上，我当时的任务是培训船员，帮助他们为下一个旅游旺季做好准备，妻子丽塔与我同行。可能有人会觉得这样的工作太轻松了，但我想说，航运公司给我报价的时候可没有考虑到游客的因素，船上的游客当然会有自己的性格，而且不可能让他们马上变一个人。

也许你已经猜到了：这注定又是一场伴随着"抱怨狂"的旅行。他们一整年都会将这段所谓的"美好时光"挂在嘴边——终于可以堂而皇之地不去办公室上班了。然而一旦上了船，他们又会开始抱怨船上的一切。他们会在甲板上扯着脖子高谈阔论自己是如何从旅行社那里要回了十九欧元，仅仅因为游轮迟了十分钟靠岸，除此之外当然还有太冷的饭菜、噩梦般的躺椅争夺战以及其他诸如此类的事。

我们已经上了船，为了逃避这一切，我们躲在了游轮最后方一个安静的角落，这里只有个别走错路的游客才会到访。我将目光洒向海平面，注视着一只滑翔的海鸥，心想这家伙居然无须挥动翅膀便能毫不费力地在风中飞舞，真是美如画。正当我拿出相机，装上镜头，准备对着海鸥按下拍照按钮的时候，突然有人在我的右方朝我喊了一句："小心，您一定要小心！这些混蛋特别讨厌，它们会冲着照相机的镜片拉屎，然后你就再也弄不掉那些痕迹了。"

这句话让我和那只海鸥都着实吓了一跳，出现在我面前的是一位郁郁寡欢、体态丰满的女士，她的外形显然已经被生活打上了烙印。面对某些人时，你只要看看他们那张脸就能知道他们根本不懂什么是幽默。我瞬间语塞，为了避免同这位女士再聊下去，我只能如那只海鸥一般溜之大吉。后来，我和丽塔以及船上的同事们讲起了这件事，我们都觉得，那些将自己一年中最美好的时光说得一文不值、永远都只能看到消极面的人，实在是太可笑了。

两天之后，游轮平静地驶进了地中海。我们喝着咖啡，惬意地观察着船上的游泳池：它其实比儿童戏水池也大不了多少，在炙热的阳光下，有大约600人四仰八叉地躺在

游泳池的四周,这其中就包括了之前那位害怕海鸟的女士。我们享受着这一瞬间的时光,观察着眼前的一切,就在这时,丽塔突然轻轻推了推我的胳膊,对我说道:"快看啊,多么神奇!"我抬起头,看到一只孤独的海鸥正缓缓从游轮上方滑翔而过,翅膀几乎没动。"是啊,"我回答道,"这真是太美妙了。"

我们的目光追随着那只海鸥,突然,它的姿态变得不大一样了。只见它的眼球向前鼓起,嘴巴微微张开,整个身体也随之抽搐了几下。随着一声短暂的呻吟,海鸥排空了体内的累赘,看起来轻松了不少。一团黄、灰、红混合的鸟粪射向了甲板，我们充满期待地观察着接下来发生的一切：和刚才一样，在游泳池四周有大约600人，随着"啪"的一声，那坨海鸥粪不偏不倚地落在了之前那位女士的肚子上，没错，就是那位破坏了我的摄影雅兴的女士。她吓得蹿了起来，随后马上开始扯着脖子抗议那只海鸥、游轮公司以及整片大海。

此时，读者也许会想到共振效应或类似的理论。我后来还跟化学实验室的一位员工聊起过这件事，他也在试着提出自己的理论："一群人，乘以海鸥，乘以丰满的女人，会等于……"我告诉他，原理其实比这要简单多了：负能量会吸引负能量。

CHAPTER

不发牢骚的"蚂蚁",
也容易被"抱怨狂"拖累

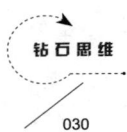

　　幸好这个世界上，在你的朋友圈、同事圈和熟人圈里，还有很多并不属于"抱怨狂"之列的人。我们先来说说你名单中的那些"蚂蚁"同事吧，他们带给你的感觉会舒服很多。这种小小的、但十分勤劳的动物真的很适合形容这个类型的人。"蚂蚁"们唯一的心愿就是做好手头的事。他们不想把天上的星星摘下来，也不渴望做出一番大事业。他们的热情主要在自己的业余时光中。无论是在保龄球馆、小花园社团还是腊肠犬俱乐部，"蚂蚁"都会有一种回到家的感觉。他们甚至常会承担一些志愿性的领导工作。正如你之前读到的一样，被人关注和认可是人类的两种基本需求，而性格平和的"蚂蚁"往往会在志愿工作中获得它们。所以，无论是在私生活中还是在职场上，"蚂蚁"都会是让你感到舒适的伙伴。

你还记得我之前参加的那场"抱怨狂"聚会吗?"蚂蚁"从不会在波兰舞曲响起时扮演领舞者的角色,在"抱怨狂"们躲在角落里对着糟糕的音乐发牢骚的时候,他们会用自己的双脚为每一首歌曲打节拍。在生活这个舞台上,"蚂蚁"同样可以惬意地起舞。在每一个再平常不过的周一清晨,当"抱怨狂"对过早的工作时间抱怨时,"蚂蚁"已经和上班的人潮一起冲进了办公室计算表格数据,解决难题……抗压性很好的"蚂蚁"已经习惯了负重前行,他们能够将几项任务一肩挑,而且还不发牢骚。

你认识"蚂蚁"类型的人吗?太好了!赶紧把他们列入一个新名单吧。你应当多和这些人相处,尤其是在办公室里。"蚂蚁"是一种群居动物,他们需要同伴来帮助自己一起拖走那些庞然大物。遗憾的是,一旦"蚂蚁"遇到了过多的"抱怨狂",情况就很危险了。这样的情形就好比一部糟糕的滑稽电影。在那些不思考、不作为、无知、无能的人中间,小小的"蚂蚁"是毫无机会的,他们转眼便会失去自己的动力。

从统计学的角度来看,你觉得身处恶劣环境中的"蚂蚁"多久以后就会加入"抱怨狂"的队伍?我应该悄悄告诉你吗?答案是:四天!为什么如此确切?原因正是镜像神经元。镜像神经元在四天之内便会明白,我们通过抱怨可以更容易地获得关注和认可,这样,世界上便又会多了一个"抱怨狂"。

然而,这对于企业来说有致命的危险。请设想一下,在一个"抱怨狂"当道的办公室里,"抱怨狂"同事一天中有半天都是在门口一边抽烟一边抱怨;此外还有那些"抱怨狂"经理,他们会用自己的负能量使干劲十足的同事很快就变成对工作毫无热情的"抱怨狂"。请不要对此不以为然,这类糟糕的领导行为每年都会造成巨大损失。盖洛普研究所(das Gallup-Institut)曾经算过一笔账。想看看结果吗?仅仅在 2016 年,德国境内由此造成的经济损失就高达 1050 亿欧元!这还没有算上给个体带来的精神损失。

在想到第二天的工作时,你的感受如何?想想就叹气吗?那情况已经有点危险了。对你而言,如果你人生中的闹剧名称就叫《周一》,如果办公室里唯一运转的元素就是那台咖啡机,那你真应该好好思考一下,自己是不是已经在办公室里和不同阶层的"抱怨狂"度过了过多的时光。对此,我的建议是:有目标地寻找一下公司里的"蚂蚁"。如果单独一只蚂蚁就可以拖动比自己重一百倍的东西,那么,如果你能与他们联手,又会产生何种效果呢?

请列举出自己认识的五只"蚂蚁"(别担心,这些名字应当出现在你的生活之中):

1._____
2._____
3._____
4._____
5._____

CHAPTER

做自带光芒的"钻石",
将能量汇聚一身

现在我们要讲的这类人肯定包括了你。我为什么敢这么说？因为如果不是这样，你就不会想到要阅读这本书了。在分析"抱怨狂"的时候我就曾提到过，在这个世界上有一些人，他们走进每扇门的时候都会将房间照亮，"钻石"便属于这类人。你有没有遇到过那些自带光芒的人；那些屹立在生活的中心，将一切能量吸进自身，然后再全部释放出来的人；那些明白每个角落都蕴藏着机会，眼中闪烁着光芒，不断伸出双手争取一切机会的人？

他们眼中的光芒绝非镜像神经元发出的莫尔斯电码，之所以自带光芒，是因为他们明白下面这个道理：人生会有沟沟坎坎，而每个人都有选择的权利——要么像"抱怨狂"一样去抱怨经受的挫折，任凭自己被刺痛，要么就让这些沟沟坎坎将自己好好打磨一番，就像珠宝店里的钻石一样被塑造和打磨。这些昂贵的钻石会在加工过程中掉到地上，或者被弄脏，但这都没关系，因为钻石注定是钻石。抱怨者属于"我不知道解决方案，但我喜欢谈论这个问题"的类别，但钻石是问题解决者。

和"蚂蚁"一样，"钻石"不会害怕直面难题。在解决难题的过程中，"蚂蚁"会希望有几个好伙计在自己身边帮忙，而"钻石"即便是一个人也能把问题搞定。他们不会把时间浪费在抱怨上，会继续提升自己，读很多书，并成为自己的中心。他们身上的每一个部件、每一个分子都会出现在正确的位置上，并为这块宝石提供能量。"钻石"属于敢于冒险的人。

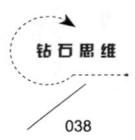

你已经准备好改变自己的人生了吗？简而言之，如果把自己的观点改变或颠倒过来，你会有更多的东西出来！一旦你掌握了这一点，唯一剩下的就是画龙点睛：让每颗钻石都独一无二。这不是一件小事！在加工的最后阶段，一颗钻石的重量损失高达54%。这个重量代表了生活中的压载物。你知道我在说什么，对吗？是的——抱怨狂。这部分重量便是你生命中的负担。

你知道钻石是怎么被打磨出来的吗？哪种物质才能打磨世界上最硬的材料？答案是：其他钻石或钻石微粒。在打磨的过程中，钻石每分钟会被转动2000次，这足以让走在进步道路上的你感到眩晕。

当然，这个世界上还存在着无数的"钻石原材料"。然而这些"原材料"必须经历打磨才能显现出自己的价值，才会有合适的形状和色彩。一部分人已经准备好要为这种磨炼付出一切，你是一颗潜力无限的钻石吗？你已经准备好哪怕难受甚至痛苦，也要让自己在高压之下经历磨炼了吗？在钻石市场上，钻石原料的买入价是7000欧元，经历了打磨之后，它们的售价就变成了30000欧元，打磨为钻石带来的价值令人难以置信！所以，你也应当在人生中尽可能多地经历这种打磨，这是我想给你的建议。

除了"钻石"以外，还有一种超人的力量也可以打磨"钻石"。具体来说，这种力量来自"超级明星"。

请写出那些正在打磨你或者在将来可以打磨你的"钻石"。

1._____
2._____
3._____
4._____
5._____

成为令坏情绪胆寒的"超级明星"

要想让你的名单变得完整,"超级明星"绝对是不可或缺的角色,即在你的人生道路上,在你追逐幸福和成就的过程中,一定会引领你前进的那些人。我指的并不是那些摇滚歌手或者大众人物,我说的"超级明星"就是凡人,但他们都散发着一种特殊的气质。

我想跟你分享一个故事。你曾经转过学吗?不止一次还是从没转过？我转过学，还转过两次幼儿园！最终，14岁的我带着自己的镜像神经元来到了一所综合中学①。恰恰是在这里，我结识了人生中的第一位"超级明星"。在来到新学校的第一天，我是这么介绍自己的："大家好，我是托比，我有一张经过认证的学习缺陷证明。"我做着模式性的自我介绍，并将证书高高举起（由于用得越来越勤，我甚至塑封了这张证书）。在那之前，我在求学过程中只学会了一件事：嘲笑自己的痛处，然后将它展示给别人。那张证书成了我人生的标志。

然而在这所学校里，一切都变了。你曾经历过类似的时刻吗？某次谈话中的某一句，让你印象深刻，深刻到足以改变你的人生。让我经历这一时刻的是一位女老师。她从我手中夺过这张证书，然后慢慢地、从容不迫地拉开抽屉，取出了一把剪刀，并用这把红柄剪刀将我的证书剪得粉碎。我至今还记得她那天对我说的话："托比亚斯，如果你接受了这个烙印，那么这个烙印将会成为你的故事，

---

① 在德国，成绩最好的学生在中学阶段一般会进入文理中学（Gymnasium）就读，并最终完成文理中学考试（Abitur）。平均来看，综合中学（Gesamtschule）的学生成绩会比文理中学的学生差一些。——译者注

你的故事最终会成为你的生活，你的生活将会成为你的价值观，而你的价值观就是你人生的全部。从今天起，我们换一种方式学数学。"从这时起，我和我的镜像神经元便开始用适合右脑发达的、适合创造型学习者的方法来学习数学。我甚至完成了中学毕业考试（好吧，只是综合中学的毕业考试而已），这着实让我的父母松了口气。

我想用这个故事说明什么道理呢？有些人注定可以改变别人的人生，在这个过程中，他们并没有去刻意做些什么，仅仅在感受自己生命的热情而已。对有些人来说，工作并不是工作，因为他们正在做自己热爱的事情，他们会用自己的全部力量，用自己的整颗心来奉献。我认为，恰恰是这一点成就了那些成功的人。成功不是你账户上的数字，也不是一个让你隐藏头衔或父母光环之后，仍显得尤为重要的职位。在我的世界中，成功是从你身上洋溢出的元素，意味着你正在为一件事而燃烧自己的激情，并因此再也听不到四周的抱怨声；意味着你在醒来的那一刻便意识到自己能成为很多人生命中的一个小齿轮，一个正在为自己热爱的事转动并因此享受着生命中的每一次呼吸的小齿轮。在接下来的章节中我会告诉你，我们如何才能走上这条道路。

在本章的结尾,我想送给你一份小礼物。我们设计了一个测试环节,你将在测试中发现,"抱怨狂"、"蚂蚁"、"钻石"和"超级明星"在你的心中究竟埋藏了多少火种。

人格测试

以下四种类型,你内心有几分符合?请用1~10之间的数字进行标记。

	抱怨狂	蚂蚁	钻石	超级明星
1				
2				
3				
4				
5				
6				
7				
8				
9				
10				

CHAPTER

想要成功，是顺从环境还是做出改变

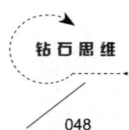

现在到了要改变些什么的时候了。你肯定已经意识到，正是下面这一点使得"钻石"与众不同：他们会抓住每一次机会让自己得到打磨，并使生活中的某些元素发生改变。说到这里，你已经准备好逃离"抱怨狂"村落了吗？你和你的镜像神经元如何才能更好地完成这项任务？答案很简单：再次将目光放到那些"超级明星"的身上。他们能教给你什么？没错，正是感受自己的激情！你已经在这么做了吗？为了回答这个问题，我们不妨来看看你目前的状况。

请下意识地用五个词语来描述你目前的生活：

1._____

2._____

3._____

4._____

5._____

写完了吗？好的，如果你写下了类似"猴子的星球""集资机器"、"疗养院"、"死人峡谷"或"还好"之类的词，那我必须告诉你，你需要首先在这方面进行一些改变了。依照德国经济和社会研究所薪资档案中的数据，如果用数字来衡量的话，我们平均每年在工作上花费的时间是1650个小时，这样10年后花费的时间就是16500小时，30年后就会累计花费整整49500个小时（统计数据来自2017年）。

你想把生命中的这么多年都奉献给"还好"这个词吗？你真的准备要这样做吗？"我在自己的职业生涯中能够给予他人回报，并真正感受到工作的快乐。"如果你能说出这样的话，是不是优秀得多？你能想象，如果工作中唯一好玩的事情就是转动自己的办公椅，那后果会是什么吗？是的，你会感到不满，然后在"抱怨狂"将世界描述成一个可怕的地方时，你会逐渐觉得他们说的有道理。在夜晚打开那台"收入粉碎机"——电视，然后再用酒精麻醉自己的伤痛，迟早会变成你生活中唯一的乐趣。但这种事情绝不能在你身上发生，难道不是吗？

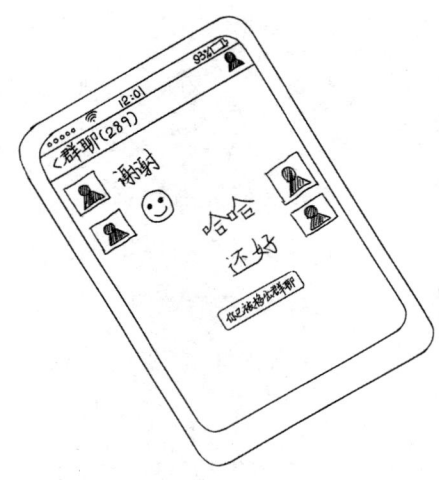

所以我第一个最强烈的建议是：想一想，究竟什么才能让你获得快乐。有没有什么东西是你总会放在嘴边的，每每提到它时，你都会说，假如身处在另一个平行宇宙中，你一定会在追逐它的道路上前进？有没有哪个梦想总会悄悄地浮现在你的眼前，但你从来不敢和别人提及？那现在就是行动的时候了！请提起它们，但不是同"抱怨狂"，因为他们只会搜寻一些统计数据和令人生畏的场景，以便让你打消计划。为什么？因为"抱怨狂"不希望你改变自己，他们只希望一切都能照旧。他们希望能一如既往地拥有自己的听众群。所以我的第二个建议是：将所有的"抱怨狂"

都从自己的地址簿中画掉！是的，我知道，这对你而言太残忍了，但这只是对你本人以及镜像神经元的自卫手段而已。"追着牲畜群跑的人，眼前只能看到一堆屁股"，这个道理你肯定懂。出现在你身边的，应当是那些能同你一起打造梦想，甚至能够帮助你提升自我的人。

你愿意同谁来分享自己的目标呢？请将他们的名字写出来，最多五位。

1._____
2._____
3._____
4._____
5._____

我又在你身上看到了自己的影子。那个手里拿着笔，时不时挠挠头，绞尽脑汁地思索着自己的愿望和梦想的人。如果你惊奇地发现，这件事居然让你如此犯难，那我现在可以安慰你一下了：其实这项技能你一直都有，只是生疏了而已，在我们人生中的某一个阶段，梦想、希望和愿望曾经都是那么容易发现，没错，就是童年。童年时期的我

们曾被梦想包围,整个世界就如同一座冒险岛或一个满是机会的大游乐园,我们只要把握住这些机会就好。

有些讨厌的"抱怨狂",比如你的亲戚阿尔弗雷德叔叔,会说你永远也聪明不起来,或者你永远也不可能优秀到实现自己的梦想。面对这些"抱怨狂"时,你会坚定地反驳他们,或者一铲子直接拍到他们头上。可惜的是,接下来你要面临的是教育阶段。六岁的你将会身处一家"梦想毁灭工厂"之中,它就是学校。这家工厂能教会你的只有一件事:闭上嘴坐好!德国的教育系统产生于一个需要培养忠实劳工和士兵的年代,在那个年代,顺从体制是至关重要的。时至今日,很多学校使用的依旧是死板的教学计划,并会像军营一样将学生依照年龄"征召入伍",而不是去适应每一名学生的个性需求。学校往往就是一幢没有人气、没有爱意的大楼,大楼的中心有一条走廊,而教室则"悬挂"在走廊的两边,场景如军营一般。这样的地方大多无法促成个性的自由发展。

除了学校以外,世间其他的一切都在向前发展。我们会惊奇地发现,在十年或十三年之后,坐在我们面前的下一代人居然完全不知道自己应当从事什么职业。当年轻人走出校园的时候，他们应该知道如何才能使自己从众人之中脱颖而出，可惜的是，他们在学校的体制中学到的恰恰是相反的一面：永远都要尽最大努力来顺从环境。谁又曾在学校里学过如何推销自己、领导他人、激励同人，甚至开创一家属于自己的企业呢？此时，学会重新拥有梦想对你而言尤其重要！所以，我想邀请你踏上一段奇幻的旅程——一段通向自我的旅程。你要找出能让自己满足、快乐，并最终取得成就的因素。准备好了吗？那就请先动动笔吧。

谁曾在你的孩童时期激励过你（不考虑学校的因素）？又有谁曾经赋予你灵感？

◎ _____
◎ _____
◎ _____
◎ _____
◎ _____
◎ _____
◎ _____

CHAPTER

把头等舱乘客的行为方式转移到自己身上

我可以佯称自己生命中的一切成就与幸运都是自然出现的,然而事实并非如此。恰恰相反,正如你所知,我的学生时代并不光鲜。综合中学的考试总算被我搞定了,在父母期待着儿子终于要开始干点儿正事的时候,我却和其他很多孩子一样迷茫,不知道自己应当如何度过接下来的人生。

说实话,我完全不知道该怎么做。虽然我也有一个计划,然而这个计划中包含了一切我不喜欢的元素:每年四周度假,然后在其余的时间里埋头苦干,只为能付清房子的余款——这绝不是我想要的!同样,我也没有准备为别人的梦想和目标而浪费自己的生命,因为这对我而言简直就是一场噩梦。

最终,巴西成了我人生道路中的第一站。在巴西,我为无家可归的孩子上英语课,并在这段时光中了解了一种完全不同的生活。对于这种生活而言,有两个关键词不可或缺:一个是温暖,另一个就是当地人。那里的人会为生活中最习以为常的元素而庆祝,他们会生活在此时此刻,并懂得珍惜一切突如其来的惊喜,比如能用上电,比如能喝上一罐冰镇的可乐,因为这些东西在日常生活中都是没有的。没有电、没有自来水,什么都没有。我和我在巴西的寄宿家庭一起住在一个树屋中,他们对每一件小事都心存感激。

你难道没有发现吗,展示出自己对小事的感激之情,恰恰是很多人都做不到的事。欧洲的老百姓只会期待一件事:度年假。然而当这段美好的时光来临时,他们又会开始忙着寻找一切可能让自己激动上火的元素。比如他们放在躺椅上的毛巾被人拿走了,比如天气太冷、太热、太潮湿,或者其他诸如此类的事。直到今天,我都十分感激自己在巴西的那段时光。从当地人身上,我学会了一件事——活在当下。

在这之后，我回到了标准化的德意志，回到了现实的生活中。刚到机场的那一刻，眼前的场景就让我回想起了十三年校园时光灌输给我的那些信条。你可能也认识这类人吧：他们会调动自己的每一根神经，只为让你知道他们有多么重要；他们玩手机玩得如醉如痴，甚至腾不出手来取出车票；他们在办理登机手续时大喊"我是议员，快让我过去！"；他们会像河豚一样让自己气得发胀，只会聊自己的事儿，然后不停地吹牛……你还能举出类似的例子吗？

请列举出你身边的五只"河豚"，因为他们同样是一群错误的人，所以必须被甄别出来。

1._____

2._____

3._____

4._____

5._____

在到达法兰克福机场之后，我在电梯里有幸同这类人来了一次近距离接触。我面带微笑，友好地说了句"早上好"（这是我在巴西学会的），然而没人搭理我，最终，一个面无血色的家伙盯着我的眼睛看了几眼，嘟囔了一句："孩子，今天是周一。你以后也会明白的。"有些时候，别人的一句话会装在你心里一辈子，他那句话便是如此。我马上意识到，自己绝不能随波逐流，成为他们这种只有无线网信号才能穿透的人！绝对不行！回到家乡之后，我开始下意识地找一份能让自己回馈他人的工作，并且真的从事了这类工作，刚开始是在消防队，之后是在某航空公司做空乘。

我明白了，团队协作和对他人的信任在形势十分紧急的情况下究竟意味着什么，我懂得了将自身的定位和个人的需求调低，学会了服务他人。事后看来，在气得咬牙切齿的时候依旧坚持为那些"河豚"服务，成了我人生中最重要的课程之一。

在环绕地球的行程中，我训练了自己的识人能力，并在头等舱中幸运地获得了与最成功的人士交谈的机会。我很快便明白了一件事：谁如果愿意为一段航程付一万五千欧元，那我肯定可以从这个人身上学到些什么。直到今天，我都能从他们身上清晰地感受到，与为了生计而工作的人相比，那些激情洋溢的人究竟有多么不同。我开始在旅程中记笔记，并认识了很多伟大的成功人士，比如教皇约翰·保罗二世（Papst Johannes Paul Ⅱ）[1]、迈克尔·杰克逊（Michael Jackson）[2]以及汉斯·迪特里希·根舍（Hans Dietrich Genscher）[3]等等。

在长途旅程中，想聊会儿天总是有机会的。我会等上几个小时，只为了能问一个问题："您是如何让自己今天坐进头等舱的？"他们的答复虽然大多都平淡无奇，但依旧很有价值。比如迈克尔·杰克逊曾告诉我，他只是单纯地爱着音乐而已；根舍先生曾对我说，他只是想让自己的祖国得到最好的东西，会不断克制自己的自我意识。在头等舱中，我总是惊奇地发现居然有这么多旅客会把时间花

---

[1] 约翰·保罗二世（1920—2005）：罗马天主教教皇。
[2] 迈克尔·杰克逊（1958—2009）：美国著名摇滚歌手、演员、舞蹈家、慈善家、表演家。
[3] 汉斯·迪特里希·根舍（1927—2016）：曾任德国外交部长、德国副总理。

在阅读上，我会悄悄记下他们所读的书。

在商务舱中，我经常能看到被一周的工作折磨得精疲力竭，并在整个航程中睡大觉的乘客，他们脸色惨白、浑身无力、紧张兮兮。然而头等舱的乘客会花时间来读书，或者听有声书。在一次前往巴西的行程中，我曾帮一位乘客取香槟，并和他聊了一会儿，他告诉我："托比，你目睹的一切、听到的一切，最终都会从你的嘴里说出来。"

所以，从那时起，我便开始阅读能得到的关于动力、进步和人格发展的一切书籍。为什么？因为我觉得，要想取得书中那些人的成就，我必须将他们的行为方式转移到自己身上。然而过了一段时间，我遇到了自己生命中的瓶颈期。在外人看来，一切都还不错。除了学业和航空公司的工作以外，我还开了一家自己的公司，公司运转得相当不错，我的经济情况好到不能再好。我开着炫目的跑车，住在豪华的、配有私人泳池的公寓里，办着奢华的派对，还有了一个模特女友。然而这一切都没让我感到快乐。我生活在书本世界和现实生活的夹缝之中，我的不满足感与日俱增。挂在脸上的微笑已经变成了我的职业面具。我的动力就像周日早晨体内残存的酒精一样，正在一点点瓦解。

终于，我感到自己实在是难以为继。我的工作以及身边的人，这些都令我无法忍受。

2000年的那个我，绝对是公司中最糟糕的"抱怨狂空乘"。所以在2001年底收到的那封来自公司总部的信件就仿佛一个信号，它告诉我是时候要改变些什么了。那时候公司打算削减员工人数，所以为我们提供了两个选项，要么拿一笔补偿款，要么无薪休假。机会终于来了！我终于可以让自己变得开心，并获得了成功！我马上选择了无薪休假，并决定尝试一些新的工作。在得知有家企业正在办自己的"快乐大学"时，我瞬间便燃起了希望。毫无疑问，这就是我应当去的地方！快乐正在那里等待着我！

最终我在该企业的一家子公司求职成功，并在当年夏天得到了一份工作，这令我高兴万分。因为通过这样一份工作来证明自己，是进入这所"快乐大学"工作的前提。无论是对大人物还是小人物而言，这家企业都是最大的"梦想工厂"之一，它同时运营着几家游乐场，在那里，成年员工会穿着老鼠、鸭子或者其他动物的套装穿梭其中。我的"试用期"恰恰就是这样一份工作。在最初的几周中，每个人都要扮演一个角色，遗憾的是，我们不能自由挑选

自己的角色,因为这些动物角色都是通过抽签随机分配的。直到今天,我还记得我那天抽到的号码:4432。有位员工瞥到了我的号码,他同情地摇了摇头,用蹩脚的英语对我说了句"不怎么样呀"(That's no good.)。我本可能扮演一位王子,或者一只会飞的小精灵,然而现在我只能打扮成一只鸭子,确切地说是"鸭子三重奏"里中间的那只,可能你已经猜到了。这种抽签的方案显然没把我们这帮龙套的身高考虑进去,所以,我这个一米九的大高个儿,就只能在两个来自日本的、身高一米五的"鸭兄弟"中间蹒跚了。

　　我的套装足足有18公斤重,我穿着紧身的袜裤,拖着两个水箱走来走去,这两个水箱就是我八小时工作的水源。我每天要走到船上上班,这段路足足有四公里长,更严重的是,我还要戴着重重的鸭头行走在热浪之中。我的"抱怨狂"自我已经预测到了,这项工作绝对不会给我带来快乐。每天早晨,在走到那艘船的时候,我就已经精疲力竭了。而且我们的日工作量也很可观——每天都要为18000~25000名游客服务。

　　你觉得孩子最常问的问题会是哪个?没错,他们最爱问的就是:"为什么你那么大个儿,而旁边那两位个子却这么矮?"过了一段时间,我真的开始暴躁了。我会用怒吼的方式来吓唬孩子。那时的我,绝对处在一个被"人生好艰难"和"我!我!我!"所充斥的时期。好久以后我才发现,当时那个抱有此类想法的我正走在一条不归路上。我的所作所为真是令人难以置信。

  14天之后,我的忍耐终于到了尽头,做了一件绝对不可原谅的事:我取下了自己的鸭子头——即便这样做可能会让200个欢呼雀跃的孩子不再觉得这只鸭子是真的。我再也不想干下去了,我没什么可在乎的,因为我已经变成了一只"抱怨狂鸭子",眼里只有自己。我对着冲我跑来的主管抱怨,说自己就是想换工作。在说了一大串不重复的骂人话之后,主管开始用极其锐利的目光盯着我看,并用冷静到可怕的语气对我说了一句:"当然,你可以得到一份更好的工作,完全没问题。"

  这一切真是太顺利了!终于!我飘飘忽忽地钻进了车里,这辆车将载我前往下一站,去见公司的下一位教官。我被载到了一个新地方,为了能将我尽快撵出车外,司机在房门口仅仅停了20秒。我好奇地敲了敲房门,出现在

我面前的是安东尼（Anthony），我未来寄宿家庭的男主人，一个两米高的、肩膀奇宽无比的美国黑人。他见到我的第一句话是："你是白人！"然后我便爬上了他那辆小卡车的货斗。他载我穿行了整个居民区，在这段短暂的旅程中，他高声呼叫着每一位邻居，告诉他们我是刚来到他家寄宿的伙计，如果谁胆敢愚蠢地冒犯我，那他就是在冒生命危险。这就是我在新住宅区的"欢迎仪式"。我完全震惊了，这里的一切显然都与伍珀塔尔（Wuppertal）①有些不一样。

晚餐的时候，我试图套套他的话，看看他对我有哪些期待。他将身体探过桌子，对我说了一句："德国小子，明天你就会看到我的生活了。"安东尼的一天是从早晨五点，从一辆黄色的校车里开始的。我心中那只"抱怨狂"显然无法理解这一切：公司这帮蠢货还不明白吗？我想学会如何更开心地生活，这样一个校车司机又能帮我什么呢？伍珀塔尔不是也有校车？在茫然中，我被安东尼塞到了巴士后排的座位上。我将双手抱在胸前，蜷缩在自己的座位里。这时，校车开动了。

---

① 伍珀塔尔是德国北威州的一个城市，是作者的故乡，而此时作者已经身处美国。——译者注

把头等舱乘客的行为方式转移到自己身上

在我被孩子们的叫喊搞得魂不守舍的时候,我心中的"抱怨狂"已经开始了深切的自我怜悯。"托尼!托尼!托尼!"一群孩子冲进了校车,用洪荒之力呼喊着安东尼的名字。每个孩子都诚恳地拥抱了他,或是在他的脸颊上留下一吻。我的嘴张得老大,目睹着这一切。好吧,这里和伍珀塔尔真的不一样!孩子们开心地拍着手,兴高采烈,校车驶过了一站又一站,小家伙的队伍在不断壮大。在最后一站,我经历了更令我吃惊的一幕,这段经历足以改变我的人生:站在车门前的是一个六七岁的小姑娘,她背着黄书包,头上系着红色蝴蝶结,直到今天,我的眼前还能

清晰地浮现出她的身影。安东尼打开车门，站起身来，然后用一把小小的吉他给她弹了一首生日快乐歌，而车里的孩子都在跟着唱。随后，安东尼将手伸到驾驶座下面，掏出了他的"魔幻盒子"。那是一个用铝箔纸包裹好的、贴了各种可爱图案的鞋盒，里面装满了玩具和棒棒糖。每个过生日的孩子都能从盒子里挑选一件自己喜欢的礼物。

"跟我说说，你是什么时候上的吉他课？"我在工休的时候问安东尼。他疑惑地看着我，反问道："你想问什么？""校车司机必须修吉他课吗，还是你自愿上的课？"我开玩笑地问道。"德国人，我真的不知道你竟然如此不懂生活。" 直到今天，我都忘不了当时安东尼不住摇头的样子。傍晚，我们坐在一起共进晚餐。我已经完全沉浸在了自己的世界里，我的内心从没有如此糟糕过，如此被切中要害。"你不是校车司机。"我说出了自己的结论。"不，我不是。"安东尼回答道，"我就是喜欢小孩子。如果你能生活在自己的热情之中，那你生命中的任何一天都不用工作。"

我坐在那里，闷闷不乐。安东尼是个伟大的人，他不仅自己开心，还能让别人开心，他会回报别人，而我呢？

我就知道自我怜悯，像妈妈身边的小孩子一样不停地哭诉。但我在这一晚也明白了一个重要的道理：快乐并不取决于你拥有什么，能挣多少钱，而是取决于你能付出什么。如果你愿意付出，那你的人生便是伟大的。安东尼是我心中的"超级明星"，他给我的人生带来了前所未有的改变。我有幸能同他和他的家人共度几周，从他身上学到了很多关于生活的东西。

晚上我们经常一起为烤好的食物刷料，一起啃加了黄油和盐的玉米棒子。我们坐在他家的小天台上，谈论着他心中的价值观以及关于快乐的一切。安东尼经常会提到感恩二字，这一点对他而言非常重要。在他家的生活常常能让我回想起巴西寄宿家庭中的那段时光，而我也到了要懂得感恩的时候。

安东尼常常会给我一张白纸，让我写下自己的想法：

1. 你的价值观是什么？
2. 你相信什么？
3. 你会感激什么？
4. 除了你的家人外，还有谁同样属于你的家人？

在佛罗里达的那段日子是我人生中感触最深的经历之一，因为和我生活在一起的是一位"超级明星"，虽然他本人从不会这么称呼自己。

在人生的道路上，我还遇到过其他几位"超级明星"。再讲一段故事吧。2015年，我有幸主持了在斯图加特举办的全国成功者大会，这场盛会对我而言是个绝无仅有的机会，虽然在当时还没有佣金，不过我要向世界上最大的课程公司"成功资源"（Success Resources）证明我的实力（如今我们已经建立了合作关系）。看着大厅慢慢地被数以千计的参会者填满，站在后台的我只有一种感受——两腿发软。

时光一分一秒地过去，最早的几位演讲者陆陆续续地到来了。他们中的一些人完全没有在意我，甚至都没打个招呼。我一直都不明白他们是什么时候开始学会耍大牌的，而且是在这个服务他人的行业中耍大牌。更糟糕的是那些听说我是主持人便突然开始向我献殷勤的演讲者，他们在我心中马上就掉价了。要认清楚一个人，就是看他如何对待一个在他看来得不到任何好处的人。

太强的自我意识的确可能会让奋斗多年的所有成就

付之一炬，而自我意识最强的群体常常非"抱怨狂"莫属，他们只会谈论自己，整个宇宙都应该围着他们转。但在那一晚，我明白了并非人人都如此：后方走廊的门开了，进门的是我们这一行的巨星，是曾经在十多万人面前做过演讲的人——莱斯·布朗（Les Brown），他站在了我面前。我的嘴张得老大，因为很多年前，他就是我心中最伟大的榜样之一，他在 YouTube 上所有的视频我都能倒背如流，此外，我还像海绵一样吸收了他的所有书籍和 CD 中的精华。

他走到了我的面前，主动伸出了手，询问着我的近况。"挺好的，布朗先生。"我结结巴巴地答道。"朋友，叫我莱斯就好，你为什么如此紧张？"我告诉他，他是我心中最伟大的榜样，能当面认识他对我而言有多么荣幸。随后，奇妙的事情便发生了：莱斯居然请我进了他的专用更衣室中，按照他的话来说，他已经到了一个应当回馈他人的年龄。他耐心地问我，他能为我做些什么。那天，他花了两个小时回答和指导我的问题。这一切都如同一场电影一般，只是很遗憾，这场电影结束得太快了。

莱斯在上台之前，花了整整十分钟时间陪伴在自己的妻子身边，他们的手紧紧牵在一起，充满虔诚、充满感激地为今天能有这么多人到场而祷告。就在这时，另外一位演讲者走下讲台，他傲慢地宣布，自己向在场的德国人卖出了价值20万欧元的后续课程。莱斯抬头看了他一眼，摇了摇头，在这一瞬间，我再一次感受到了索取与付出的差别。直到今天，我和莱斯还保持着联系；直到今天，莱斯和他的待人方式还深深地感动着我。他会让别人变成明星，不会太把自己当回事儿，这正是一个"超级明星"的气质。

哪些人曾让你的生活走上了积极的轨道？请记下你生命中的那些"超级明星"：

1.＿＿＿＿＿＿＿＿＿＿＿＿＿＿＿＿＿＿＿＿＿＿＿＿

2.＿＿＿＿＿＿＿＿＿＿＿＿＿＿＿＿＿＿＿＿＿＿＿＿

3.＿＿＿＿＿＿＿＿＿＿＿＿＿＿＿＿＿＿＿＿＿＿＿＿

4.＿＿＿＿＿＿＿＿＿＿＿＿＿＿＿＿＿＿＿＿＿＿＿＿

5.＿＿＿＿＿＿＿＿＿＿＿＿＿＿＿＿＿＿＿＿＿＿＿＿

CHAPTER

放大格局，做好为一切赴汤蹈火的准备

伍珀塔尔消防队里的打印机刚刚吐出了一张字条,上面写的任务是"透析作业"。在这之后,那个18岁的、在肥皂泡里长大的我便穿着消防员制服上了救护车,开始在路上欣赏起肥皂泡外面的世界。

六周的职业培训和住院实习之后,我在急救队里的第一天就赶上了一大堆事儿:一场私家住宅楼梯上的分娩、两次心肺复苏,还有一起高速公路上的车祸——我的身份可不是旁观者,而是局内人,所以在我看来,透析作业已经算是不错的活儿了。第一次见到露特(Ruth)的时候,我便不由自主地露出了微笑,因为这个个子矮矮的、年过花甲的老奶奶身上散发着一种神奇的气质。

在敬老院的房间里,她把自己收拾得干净利落,戴着一顶红色的小礼帽,正坐在床边等我。直到今天,我耳边还能回响起她对我说的第一句话:"年轻人,你能过来,真是太好了。其他所有的住客来到这里都是为了等死，而我在这里是为了能活下去，我们一起去散散步吧。"我轻轻咳嗽了一声，核对了一下字条上的信息，对她说道："女士，我们现在带您去诊所……""露特，叫我露特！""好的，露特，我们现在坐车出发吧。""太好了！"她说，"我们要去用透析机了，发明出这样的仪器，真是太美妙了！"

她转身拿起了自己的口红，搂着我的臂弯，充满自豪地走过了长长的走廊，路过一间间寝室，躺在那些房间里的院友大多眼神空洞。露特的心态尤其令人感动，比起其他住户，她绝对是一个成功的"另类"。前往医院的路需要二十分钟，我和露特坐在车后排，你一句我一句地闲聊起来。不，其实是露特在帮我解闷。她讲起了自己的生活，在战争期间，她失去了丈夫和两个儿子，自己也被手榴弹的碎片炸成重伤，所以她一辈子都必须艰难打拼。在市档案馆工作了四十年之后，那里的人送了她一支金圆珠笔，一切就这样结束了。

在讲述这些故事的时候，露特脸上的每一寸肌肤都散发着光芒。她和别人不一样。她会在聊天的时候将人生中经历的一切都描述得很积极：医院的护士、敬老院里美味的饭菜，以及那些能净化血液的神奇药物。周五的餐食中会有麦楂粥，而她整整一个星期都在盼望着这顿粥。在接下来的几个月里，载着露特去诊所的那个人一直都是我，我们也因此成了朋友。我会同她聊起我的家庭，并给她带去榛仁巧克力。她每次一接过我的巧克力，就会赶紧将它藏在自己的小提包里。

我们相识的时候，露特已经89岁了，依照医生的诊断，她已经病入膏肓。医生要求她保持卧床的状态，由我们来抬，然而她并不会待在床上，也不想让别人抬着走。敬老院门前有一片花园，她在那里种着花，只要天气允许，她一定会坐在阳台上享受阳光。她总是很注意自己的仪表，这使得她看起来十分尊贵。

为什么我给你讲这个故事？因为露特绝对是个例外的存在，敬老院里同样也有很多只会不停抱怨的人，而她因为自己的个性显得卓尔不群。我希望自己老去的时候也能像露特一样，她会为一切开心，而她的秘密正是感恩。她对一切都充满了无限的感激之情才活得这么开心。她给我展示了很多我已经忽视掉的东西,尽管我还那么年轻。

在去世前一周,她曾拉着我的手对我说:"托比,我不知道亲爱的上帝还能让我在这个世间待多久,我深信我可以在彼岸见到曾经的那些人,他们对我的人生而言十分重要。我有幸感受到真正的爱情,有幸拥有自己的孩子,直到这么大岁数,我还能在我养老的国家里幸运生活到今天。托比,属于你的旅程就在前方,而我现在想送给你一份礼物。"

我感动地看着这位年迈的老奶奶,内心已难以平静。"我送给你的正是此时此刻,因为最终能留存下来的只有每一个时刻。"那时,我还不能理解露特的话,直到一年后,在我照着镜子,发现一切都会转瞬即逝的时候,才明白了她的意思。

眼前的此时此刻才是我们拥有的一切。从那时起,我开始尝试收集每一个生命的瞬间,放弃了对物质财富的囤积。我努力让那些画面永远印在自己的心里,以便让自己年迈的时候也能像露特一样。我开始下意识地体会路途中的乐趣,让自己享受每一次行程,因为每一段旅程都只有

一次,每一个瞬间都价值无限。

露特还给我留下了一封信,信是这么写的:

我亲爱的朋友:

时光一年年过去,你也会有老去的那一天。在你双眼散发着光芒,同我描述你的未来的时候,你还记得幼年曾拥有过的那些伟大的梦想吗?那些梦想你都实现了吗?你还有小孩子那种带着无限的快乐走进每一天的劲头吗?我希望你还保留着这股劲头。我之所以富有,正是因为我一直都在做自己想做的事情。绝大多数人一生都只会在梦中看到自己的梦想,而那些能让自己的想法和愿望都成为现实的人,他们会抓住世间的光芒,整个世界都会为之赞叹。你家乡城市中的那些铜像,就是人们向他们致敬的方式。批评家、质疑者和那些爱吹毛求疵的人是得不到这份荣耀的,只有那些甘愿赴汤蹈火的人才配得上这一切。

正在逃离别人施加的枷锁的人注定会感到恐惧,而恐惧已经如同病毒一般占据了绝大多数人的内心。绝大多数人,他们会害怕得到的不够多,害怕不被他人爱戴,害怕无法满足自己的标准。他们的人生格局都太小了,希望自己的生活中最好不要有风险，同时也不要出现真正的满足感。

你是宇宙的儿子、太阳和月亮的女儿。树木、河流以及世间一切生命都是你的兄弟姐妹。如果你的生活格局太小，如果你总是妄自菲薄，那你便不能为任何人带来好处。燃烧自我吧！只有这样，你才能点燃他人的热情。

我的朋友，你正在改变世界吗？人生在世，你在做那些自己应该做的事吗？每个人都可以做些小事来让自己快乐。有些人谱写了能够打动人心、走进我们灵魂深处的乐曲，有些人投入了巨大的耐心来指导别人，尽管有时只能看到微小的进步。你热爱自己的事业，第二天不需要闹钟便能起床，迫不及待地开始新的一天吗？在这个世界上，有些人会在自己被强制退休的那一天哭泣。他们是如此热爱自己曾经的事业。

我想问你几个问题：假如明天你就要告别这个世界了，你会不会为自己做出的成就感到开心？假如明天金钱突然失去价值了，你还会不会继续自己的事业？我希望你的答案是肯定的，因为追逐目标的旅程远比达到目标本身要宝贵。

你想说有时候生活会给你使绊子？你想说有时候生活如此艰难？让我告诉你吧：所有的时光都是艰难的。在别人犯了错误并为此长吁短叹的时候，正是你获得力量的时候，恰恰是这个时候，别人会需要你的人格魅力来帮助他们重新获得能量。此时，你还在疑惑吗？那我想提醒你一下：如果你今天早晨醒来的时候身体还算健康，如果你身上有衣穿，冰箱里有食物，居有定所，那你已经比地球村中85%的兄弟姐妹过得都更好了。你还保持健康？那你已经比那些因为恐怖的疾病熬不到明天的人更幸福了。我的朋友，请你抬起头来，别再抱怨了。从今天起，你的未来你做主！

你对未来心存敬畏？你的目标大到令你恐惧？我希望你能这样，因为你需要一些难以达到的目标来驱使自己前进。别忘了，在我们的生命中，只要不再问自己应当做什么，而是成为那个应当成为的人，我们的人生便会如同夜空中的星星一样发光发亮。请小心，因为早晚你会发现，阳光也会将你灼伤，所以同样需要那些能将你轻轻扶起的人。

我希望你的生活从今天开始将成为一段奇幻之旅。尽情享受吧，我的朋友！人生的旅程只有一次，过去的便不会再回来。

爱你的露特

请有意识地观察一下这把生命的标尺,你现在正处在哪个区间?你觉得自己还拥有多少时光?

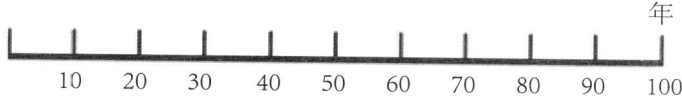

CHAPTER

从你的人际关系账户中提款之前,
应当先储蓄

你一定听说过下面这句话吧:"只有当学生准备好的时候,老师才会走进他们的生活。"人生导师与"超级明星"一定会有针对性地去挑选值得为之投入时间和精力的人。在这个过程中,他们会有意识地寻找那些已经在发光发亮,只需要再经受一点点打磨的"钻石"。在进入导师的圈子之前,你一定要先为自己以及自身的发展进行足够的投入。我从自己的人生导师那里学到了一套模式:他总会不断地试探我,将我扔进冷水中,向我提出几个正确的问题。如果你正在寻找人生导师,那么在面对下面的问题时,你必须立即给出答案,否则便会被淘汰出局。针对下面的问题,请试着动笔作答,然后再自省一下,看看自己是不是已经准备好接受钻石切割机的打磨了。

你上个月读了哪些书？

◎ _____
◎ _____
◎ _____
◎ _____
◎ _____

你上个月为他人做了哪些事？

◎ _____
◎ _____
◎ _____
◎ _____
◎ _____

你为什么要做自己正在做的事？

◎ _____
◎ _____
◎ _____
◎ _____

◎ _____

你今年参加了哪些培训课程来提升自我？

◎ _____
◎ _____
◎ _____
◎ _____
◎ _____

你是如何在社会中发挥自己的力量的？

◎ _____
◎ _____
◎ _____
◎ _____
◎ _____

请不要忘了，人生导师也是人，他同样会犯错，每天也只有 24 小时，所以在选择的时候，他会很苛刻。在和人生导师打交道的过程中，请注意自己的能量和表现力。还有一点：你应当换个角度思考问题，不要问他能为你做什么，而是问问自己能为人生导师做些什么。从你们的关系账户中提款之前，你应当先储蓄。

我本人已经成了几个人的人生导师。年轻的演讲者往往特别需要优质的建议和培训，以便能经受住舞台的考验，然而我一次又一次地发现，他们中的绝大多数并没有准备好为自己的成就进行投资，也没有准备好踏上一条艰难的道路。所以在决定为一段人际关系投入时间和能量之前，我一定会先对对方进行高强度的考验。

然而有些候选人也是很聪明的，他们会以聪明的方式走进导师的视野。前不久我收到一封手写的信件，在那封信中，笔者毫不避讳地将我那糟糕的体态和软弱无力的肌肉展现在我的眼前。那封信的结尾是："从现在开始，我就是你新的健身教练了，我会配合你的时间安排，只要你的时间合适，我都能为你进行上门指导，你的妻子也可以获得我的指导。祝一切顺利……"

你觉得接下来会发生什么？这位用如此直接的方式向我求助的家伙——延斯（Jens）——现在每周都会登门两次，并且已经成了我们家庭的一部分。在我们健身训练的过程

中，我会为他讲解演说家成功的秘密以及财务自由之道。我们之间形成了一种付出与索取的关系。当然，延斯在此之前已经听了我所有的CD，做了最周全的准备，然而最重要的还是他的那份渴望。我在看人的时候总会深深地注视他的眼睛，寻找他们眼中的火焰。如果看到的是熊熊燃烧的火光，我会很乐意帮助他们；如果我看到的只是茶桌上蜡烛般闪烁的小火苗，那么抱歉，我只能选择告退。

CHAPTER

只有痛苦和兴趣才能激发你做出改变

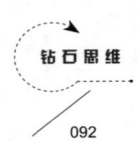

　　问几个不好回答的问题吧：你的人生计划多久改变一次？真的要开始减肥了，真的要说出那个"不"字了，真的要告诉同事你的感受了，真的要戒烟了，真的要开始找一份新工作了……你执行了哪些计划呢？

　　如果你现在正对着自己嘟囔些什么，并且急着往下读的话，那也不必为此而担忧，因为从本质上来看，我们所有人都是一样的。每个人都有目标，都在努力追求改变，然而在执行方面，我们的表现往往不够出色。你想知道，若真正完成改变，最重要的两个动力是什么吗？请允许我向你介绍两位同事，一位是"痛苦"，另一位则是"兴趣"。在二者都缺席的时候，改变是不会发生的，你可以用自己的经历来验证这一点。

　　先来说说第一个因素吧——"痛苦"。

　　绝大多数人什么时候才真的开始减肥？答案可能是：

当他们的身体出现了严重的不适，除了减肥之外别无选择的时候。或者想象一下，你在十年后的同学聚会上见到了曾经十分爱恋的人，他/她却没有与你热情相拥，而是不知所措地问了一句："哇！你是怎么将自己塞进这条牛仔裤的？你是站在三楼跳进去的吗？你真的胖了！"作为减肥的动机，这已经足够了。

关于戒烟，有一个办法很少失败，当然我必须承认这一着儿有点儿激进：将吸烟者催眠，在他的潜意识中，他被连接在一台心肺机上，然后他的家庭（最理想的情况是他的孩子也能到场）将会同他道别。顺便提一下，让我失去对香烟以及一切毒品的兴趣的正是消防队的急救岗，就是因为前往呼吸科诊所路上发生的那些谈话，它们永远刻在了我的心里。

再来谈谈第二个因素吧——"兴趣"。

你也会为学外语而发愁吗？那你可以借鉴一下我叔叔莱纳（Rainer）的例子。他64岁的时候爱上了一位中国女人，遗憾的是，他的这位心上人德语和英语都不会。最终，兴趣战胜了学习的阵痛，没过多久，他就能正儿八经地用中文和别人聊天了。

再举个例子吧：工作中，你什么时候会斩钉截铁地说出那个"不"字？如果将"痛苦"视作决定因素，也许只有当你的办公桌已经不堪重负，再放上任何一张纸都能被压塌的时候，你才会对新任务说"不"。

"兴趣"什么时候会成为主角呢？当傍晚那场音乐会的"兴趣"已经占据了你的内心，那么在面对新任务的时候，那个坚定的"不"字便会成为你的态度。或者再举个例子：你什么时候才会告诉同事自己真实的看法？要么因为迁就他给你带来的压力已经大到让你爆发，要么你和他在一次公司郊游的时候，彼此的关系更近了一层后，你在一个静谧的时刻告诉了对方，说了"不"字。对自己诚实一点吧，不要再将问题美化。

不久前我遇到了一个已经被工作折磨得痛苦不堪的客户，我问他能不能在自己的工作中寻找到任何一些积极的元素，他的回答是："如果有人过生日的话，就会有香槟和点心可用……"那好吧，干杯！

痛苦和兴趣会改变我们的决策，这两个因素会激励我们去撼动和改变一些东西。在我的人生之路上，我同样是在品味到失去激情的痛苦之后才决定要做出改变的。作为培训师，我经常能感受到那些能够激发痛苦和兴趣的因素。下面这段故事尤其令我难忘：

不久前，一位在汽车配件生产领域工作的总经理给我打电话，他问我的问题是："你就是那个能给人带来动力的天使吧？"我笑着肯定了他的说法，然后询问了他的诉求。"哎，我的那些人力成本今年都没来参加圣诞聚会，我想知道您能不能帮我为此做点什么。"他对我说道。什么？他刚才居然用"人力成本"来称呼自己的员工？"那我不得不说，您的员工现在可能已经在恨您了。"我总结了自己的观点，并答应去他的公司里做一次演讲。

直到今天，我还清晰地记得与"人力成本"的那次会面。在一个有啤酒桌和小舞台的房间里坐满了已经"脑死亡"的人，我指的是那些实际上已经死了但身体还没倒下的人。我充满激情地开始了自己针对"动力"和"感恩"的演讲，得到的却只有呆滞的目光和无视。突然，一位员工站起来，对我吼道："蠢货，你疯了吗？我是生产刹车零件的！带着你那狗屎般的'动力'桥段回家吧！"会场气氛瞬间便热闹起来，员工们起立为他鼓掌，掌声经久不息。那时的场景就好比在1912年那艘被冰山撞沉的"泰坦尼克"号上，

我努力挣扎着，只为不让自己沉入水中。

好吧，我必须拿出一套新方案了！我请求了茶歇，随后拨通了总经理的电话。"我们的团队里出了点小问题，不，说老实话，我现在遇到了大麻烦。"我对着电话轻声说道。"连您也讲不下去了？"经理答道，"上个礼拜来了一位企业教育学家，他让所有的员工都用自己制作的玩具鸭子在戏水池里玩了一场'竞速游戏'。"

难道这就是 "企业教育学家"？这会儿，我心里终于明白了些什么，我知道大家为什么此时都兴致全无了。

"有办法了！"我对总经理说道。在向他描述我的思维火花时，我不得不在同一天之内第二次听到针对我精神

状态的质疑。但我没有预定小鸭子，而是预定了25辆跑车。接下来，我让员工们在时速120公里的车中重新触碰了生命。他们必须感受到自己究竟在做什么工作，换句话说，他们本人以及他们的工作究竟在哪里发挥了作用，他们才能真正感受自己工作的意义。这一天即将结束的时候，我们坐在一起，回味着这一天，彼此间的气氛明显好了很多。有些员工甚至做出了在他们的工作文化中并不寻常的举动：他们露出了会心的微笑。

这时，我问上午发言的那位："如何用一句话来描述自己的工作？"他冲我坏笑了一下，说道："伙计，我可是造汽车的！"所有人都笑了起来，但这一次，大笑的人中也包括了我。时至今日，这家企业的墙壁上已经出现了彩色的图画，企业还拥有了自己的海洋鱼池和管乐队，乐队每周五都会穿行在厂区中，只为能给大家带来好心情。除此之外，那里的员工开始为附近的一家幼儿园进行义工服务，通过这种方式来回报社会。我的工作让工厂拥有了大幅提升的生产量，而总经理也通过参与大量的培训课程，切实改变了自己的领导方式。还有下降的请假率，让这位经理对我特别感激，如果员工们都乐于上班，他们就不会

再因为打个喷嚏就请病假了。

我们从这个故事中学到了什么？没有什么能在痛苦和兴趣均缺席时得到改变。那些员工并不知道，每一件华丽的最终的成品，都离不开自己那份重要的工作，飙车的经历让他们认识到了这一点。如果你也想改变什么，那你的下一个问题永远都应该是：我如何才能完成改变？让我完成这场改变的动力在哪里？我现在的工作可以继续进展下去吗，还是已经陷入了僵局？

针对这一点，我还想再讲一个小故事。你知道温度计和恒温机吗？温度计只能用来测量温度，而恒温机要通过调节冷气和热气，在一定范围内对气流进行控制，来执行必要的改变。人类会从早到晚都测量温度，由于我们的大脑中存在保护自我避免危险的机制，所以哪里的温度"对我们而言"更舒适，我们就会想往哪里走。然而，我们很难在舒适的洞穴中得到提升。

我曾在新加坡参与过一次进修培训，并在茶歇的时候认识了另外一位训练师。我们一拍即合，彼此交换了很多意见，不知何时，我们开始聊起了自己的市场。我直截了当地询问了他作为训练师能获得的收入。和在德国不同的是，聊聊收入对于美国人而言算不上什么问题，因为在美国，谈论金钱是再正常不过的事情。他说了一个数字——25000美元，我心怀感动，肯定了他这份着实不错的月收入。他疑惑地看着我，答了一句："朋友，不是月收入啊，是每天的收入。"我竭尽全力地克制着自己的神经，不住地问自己：这怎么可能？在我的面前站着一个人，他每天的收入居然比我当空乘一年挣得都多。此时此刻，我经历了一个奇妙的瞬间。我向自己提了一个问题：为什么我不能呢？既然他能做到，那我也能做到。用形象的话来说：我的恒温机在那一瞬间得到了重置。我决定继续大幅度增加针对个人能力提升的投入。为了达到目标，我必须让自己更频繁地出现在极度寒冷或炎热的荒野上。针对这件事，后面的章节我还会细讲。

请写下你生命中的恒温机——你的目标：

1._____

2._____

3._____

4._____

5._____

CHAPTER

四个重要的生命元素

在本书中,我已经多次强调过回报的重要性。也许你曾经问过自己能为他人带来哪些回报以及为什么有时候你觉得回报他人非常艰难的问题。关于第二个问题,我在这里可以先说两句(以下模型来自安东尼·罗宾①,我心中最伟大的榜样之一):我们每个人都拥有四个能影响内心感受的生命因素。你也曾经历那些一切都很美好的时刻吗?在那一刻,你会爱自己的家庭,甚至自己的岳母;你的工作顺风顺水,你内心充满安全感,并感觉自己很强大。在那一刻,你正处于巅峰状态,即自己的"心流"(德/英:flow)之中,你对各个方面的感觉都很好。在那一刻,你想要拥抱全世界。这些时刻恰恰是我们能拿出最多回报的时刻。为了达到这种理想的状态,四个生命因素必须都要

---

① 安东尼·罗宾(Anthony Robbins, 1960—):美国作家、潜能激励大师、成功导师。

完美运转。现在先让我们逐一分析一下这四个生命因素吧。

冒险

众所周知，例行工作停止的那一刻便是冒险开始的那一刻。无论是"抱怨狂"还是"超级明星"，我们每个人都热爱大大小小的冒险，只不过每个人对"冒险"的定义不一样罢了。对于"抱怨狂"而言，去球场看场球赛绝对算得上一场冒险。早在比赛前几周，他们就已经对这场比赛充满了期待，并开始熨烫自己的球衣，练习球迷之歌，只为了能在球赛开始后和自己的球迷兄弟们一起抱怨赛场的啤酒不够冰，但这并不能阻止他们在上半场就一口气喝下五六杯。

如果"蚂蚁"想要来一次冒险，他们会为自己预定一次充满异域风情的团体包价游，而他们的"抱怨狂"同事一定会在出发之前把这场旅行先贬得一文不值，比如："在你的梦幻沙滩上肯定有人被鲨鱼攻击过，当地人会抢劫游客，而且加勒比海天气实在太热了。"反正就是诸如此类的话。幸好你已经知道了如何应对这些"抱怨狂"没营养

的话:"我的同事先生,如果你有一个属于自己的星球,那你就可以左右天气了,而在这之前,加勒比海一直都很热,北极一直都很冷。"如果你这么说了,那个偷走你梦想的窃贼便会顿时哑口无言。

"钻石"会将冒险当成一种自我成长的方式。一次国外的培训课程,或者一次诸如登山之类的挑战自我极限的行动,都会出现在他们的日程清单上。那"超级明星"呢?他们会在"钻石"冒险时,在山上引导他们前进,对"超级明星"而言,没有什么比将别人带进自己的象限更美好的事情了。

请写下五场你想要经历的冒险:

1._____

2._____

3._____

4._____

5._____

爱与感情

同他人相处的过程中,能给我们带来快乐的究竟是什么?在这个问题上,我们同样能找到截然不同的答案。比如"抱怨狂"在与他人相处的时候会表现得很自私。你思考过"感情"(德:Beziehung)这个词的构成吗?这个词里还隐藏着一个词:"抽走"(德:ziehen)——很明显,这正是"抱怨狂"最喜欢干的事。你一定也见过那些奇葩的情侣,他们会不停地与自己的另一半闹别扭,喜欢用"老兄!"或"大姐!"来称呼彼此。面对这些情侣,我们不禁会问,他们究竟为什么要在一起,这便是"抱怨狂情侣"!请小心他们。现在让我来回答你的问题吧:他们之所以在一起,就是为了不让自己落单。他们说"我爱你",目的就是为了听到一句"我也爱你"作为回报。

"抱怨狂"还很喜欢用电子设备来装备自己的卧室。他们与自己的搭档一起不会亲自导演一场最刺激的"历险电影",而是会毫无激情地并排躺在床上,各忙各的,不是忙着刷手机,就是双眼直盯着那台超大尺寸的电视。

而"蚂蚁"就没那么挑剔。他们会为自己和自己的生

活花时间,对很多事情的看法都不会像其他人那么苛刻。绝大多数时候,"蚂蚁"都会维系一些普通的人际关系,他们常常和自己的爱人在一起,有时候"蚂蚁"的朋友会说,他们本可以找到更好的另一半。对于"蚂蚁"而言,只有当他们找了"抱怨狂"当男女朋友的时候,危险才会悄然而至。遗憾的是,阻碍一个人发展的最大敌人很多时候正是睡在他身边的那位。特别是如果其中一位想让自己所处的象限从"抱怨狂"变成"蚂蚁",或者从"蚂蚁"变成"钻石",但另一位不想与他同行,那么结果将会十分糟糕。

所以"钻石"在择偶方面会比"蚂蚁"挑剔得多。"钻石"并没有在寻找一个完美的伴侣,而是在寻找一个有朝一日能与他们共同改变世界的伴侣。而"超级明星"与伴侣做的恰恰就是这件事——他们正在一起改变世界。正在撰写书籍的,正在创建慈善组织的,恰恰就是这些"超级明星"情侣。"我们都不完美,但我们对彼此而言是完美的。""超级明星"会让自己的感情永远都保持新鲜感,并且会在很多年之后依旧表现得像初次相识一样,换句话说,就像销售员刚刚获得新客户一样。他们会给彼此写情书,不断为彼此带来惊喜,并且为另一半的成长而开心。简而言之,他们永远都处于感情的起始阶段,并且永远也不会进入"维系老客户"阶段。

这里还有一个小测验可以帮你发现自己正处于感情的哪个阶段:请先把书放在一旁,拨通另一半的电话,然后不做任何铺垫地对他/她说出那三个神奇的字:"我爱你。"如果你得到的回答不是"我也爱你,宝贝",那你心里肯定明白,自己应当为这段感情做些什么了。你听到的答复可能会是:

- 发生了什么吗?
- 你需要钱吗?
- 你吃得太饱了?
- 你在看什么书?
- 你又去上什么奇怪的课了?

你需要做些什么,才能让自己的感情永远都保持在第一阶段,或者回到第一阶段呢?

1._____

2._____

3._____

4._____

5._____

安全感

这一章核心的问题是：你会如何定义"安全感"？"抱怨狂"对此一定会有明确的答案：他们的目标就是传统的无限期工作合同。由于他们同时也会将这类工作带来的义务视作干扰因素，所以他们会寻找一个不用加班一分钟的岗位。在面试的时候，他们一定会首先询问关于休假时间和补偿加班的问题。用激情来工作？难以置信！"抱怨狂"对工作的定义肯定是"挣钱措施"。他们之所以要工作，就是为了让自己买得起想要的东西，比如香烟。而买完香烟之后，他们就有了在一天的工作中小歇很多次的理由，只为在休息的时候能和别的"抱怨狂"一起抱怨差劲的工作条件，以及从身体左侧转移到右侧的疼痛。

"抱怨狂"基本不会对自己拥有的安全感心存感激，因为他们会一直忙着抱怨自己过得有多么差，比如淡到让他们提不起精神的咖啡，或者浓到让他们心跳爆表的咖啡。他们会抱怨自己糟糕的薪水，但又会在除夕的早晨第一个跑去买一百欧元的礼花。他们首先会为那些能够麻醉自己日常疼痛感的东西投资,比如酒精、付费电视服务或者赌博游戏。他们会在所有的改变面前封闭自己,并举着"反对"的牌子站在德国各个工厂的门口,但不会通过付诸积极的行动来让自己成为公司中受人爱戴的、不可或缺的角色。猜猜吧,如果公司运营情况不佳,第一个被裁掉的会是谁?没错,正是那些"抱怨狂"。事情如果到了这一步,工会也帮不了他们了,因为每个企业都知道自己的短板是哪些人。

再送给你一个建议吧：所有试图改变"抱怨狂"想法的行为，或者试图帮助他们逃离窘境的行为（比如借助一个新的商业机会）都是徒劳的。他们一定会临场发挥，列出1000个理由证明你的观点不成立。其中一个经典的回答便是："我已经在这个仓库里工作了21年，我知道人生中什么事能成功，什么事做不成。"然而事情真的如此吗？

在"蚂蚁"眼中，安全感意味着一系列防范措施。绝大多数"蚂蚁"每个月都会往自己的储蓄账户中存一笔钱，他们会为自己的生活设置超乎寻常的保障。他们很清楚自己的公交车几点钟到，会提前几周购买圣诞礼物，会在法定假日到来之前几周，在大多数人行动之前就开始储存货物。这会让"蚂蚁"比他们身边大多数人都过得更洒脱。"蚂蚁"很喜欢从事有保障的工作，而且常常是对着装有要求，或规定穿工作服的工作，因为这会给他们一种安全感。他们会从自己的薪资中抽出一部分让自己享受一段早就规划好的年假，或者给自己购置一片小花园。"蚂蚁"很钟爱自己小资的生活。

"钻石"只会在进步中找到那份属于自己的安全感。

在自我发展方面，他们需要那种每天前进一小步的感觉。"钻石"最希望自己被其他的"钻石"包围，以便大家能够彼此打磨。在经过了这些历练之后，他们会不断为自己安排新的挑战，比如独立创业。在"抱怨狂"不请自来，辛勤地为他们列举隐藏在其中的风险时，"钻石"毫无惧色，因为他们心里十分清楚自己要为成功付出哪些努力。他们会不断提升自己，成为创新的一部分，并随时做好冒险的准备。"钻石"的态度是开放的，他们对于即将到来的人生和机会都表现得很开放。对于"钻石"而言，合适的环境才是最重要的安全因素。

"超级明星"在来到自己的象限之前，人生一般都会经受很多打击，所以他们并不畏惧生命中的起伏。他们的安全感同样来自自己的周围环境——一个由"钻石"和"超级明星"组成的圈子。"超级明星"知道，在困难的时期，他们一定会被自己周围的人接住。不断让"钻石"成长，不断巩固自己的人生基础——"超级明星"的安全感恰恰来源于这份努力。他们经常会推动社会公益事业，因为他们心里很清楚：回报来源于付出。

请列举出五件能给你带来安全感的事：

1. _____

2. _____

3. _____

4. _____

5. _____

意义

我们会给生活以及生活中的事情赋予意义——这是人类思维的基本模式。你什么时候会觉得自己是有意义的？在这一点上，"抱怨狂"、"蚂蚁"、"钻石"和"超级明星"之间的区别也同样明显。

"抱怨狂"只会在有限的几个时刻才能感受到自己的意义，比如在群体中的时候。如果他们在体育场里和穿着同样队服的球迷站在一排，跟着大家一起唱着加油歌，那他们便会觉得自己是构成一条重要链条的微小的一环。"这才是胜利者的样子！"他们扯着脖子喊道。我个人觉得足球和归属感都是美妙的东西，然而从局外观察，获胜者其实只有一个，它就是俱乐部。刚刚又有5000人买了每件

25 欧元的球衣，125000 欧元已经入账——这才是胜利者的样子！如果我们为生命中的元素赋予了意义，或者让它变得有了意义，那么这个元素就会被放大，我曾在别的场合将这种现象比作"扇子"———把能用来为火苗扇风，从而让火势不断变大的扇子。这个比喻在"抱怨狂"的例子中同样也适用。

"蚂蚁"往往能在与那些同道中人在一起的时候寻找到自己的意义，比如在与他们共庆狂欢节时，或者在一个小花园社团的派对中。对于"钻石"而言，在与伙伴们共同参与那些能帮助他们提升自我的进修课程时，"钻石"方能感受到自己的意义。而"超级明星"呢？他们会帮助别人安排冒险，并为收获的成果感到开心。

下面这个网页一直都能为我带来激励，推动我在人格发展方面为他人提供更多的帮助：www.youtube.com/soulpancake。

现在你已经了解了这四个能让我们获得快乐的生命因素，只有在你对全部四个因素都感到满意的时候，你才能回报这个世界。所以我想问你几个问题：你经常对这四个因素感到满意吗？你已经了解了"抱怨狂"、"蚂蚁"、"钻

石"和"超级明星"之间的区别了吗?要想获得自己做主的、快乐的人生,你还需要迈出哪些步?你准备为自己的进步冒多大风险?你首先看到的是机遇还是危险?你如何才能保证自己的四个生命因素都处于高分状态。如果你真的想改变生活中的某些方面,那本章对你来说绝对是最重要的章节之一。请花些时间,认真思考一下,你现在正处于什么状态,你与本书共同经历的这段旅程最终应当将你带向何方。

CHAPTER

将生命想象成一条股票涨跌曲线

真的吗？我经常听到别人把过去的一切都描述得很积极，就仿佛他们过去生活在天堂里或者别的星球一样。我们的大脑会很自然地这么做，因为时光一年年过去，我们的大脑会删除那些消极的记忆，只专注于美好的事情。例如，我经常在训练课中听到学员描述一段已经破碎的、令他们难以释怀的感情。他们会在头脑里将过去的一切置于光亮之中，并将所有的痛苦都抛到脑后。有些人甚至会在家里搭建一个"圣坛"，里面放的都是过去的情侣照，他们会演奏两个人以前最喜欢的歌曲，并在此时细嗅另一半曾经穿过的T恤衫。

我可不觉得这种做法有多么高明，因为我们的人生实在太短暂了，我们不能一辈子都对过去的悲伤唏嘘不已，并为此浪费自己的能量。顺便说一句，石器时代的人们可没时间干这种蠢事，因为在那个时代，生存问题赤裸裸地摆在他们面前。为什么消极的回忆会被排斥，而积极的回忆会被储存？想象一下吧，假如你此时是个尼安德特人①，现在要离开自己的洞穴去狩猎，而此时你像中了邪一样，不停地回想着自己前一天从猛兽的利爪中侥幸逃脱的场景。这样的想法肯定会妨碍你，所以在那时，"要么遗忘，要么饿死"便成了生存智慧。大脑中最新进化的部分——前额皮质负责掌管这套自我保护机制，我也很高兴我们的大脑能拥有这项功能，然而我们所有人都要与那段为我们内心打上烙印的、挥之不去的过去共存。如同一辆摇摇晃晃的老车一样，我们每个人迟早也会带着凹陷和剐痕游历世界，并会不断努力让自己的那台引擎保持运转。恰恰是这些剐痕造就了今天的你，令你与众不同，让你成了别人生命中的礼物。

我完全能理解你身上的那些伤痕，我坚信，让我们走到今天的正是这些伤痕。地球不是一个快乐星球，而是一个充满冒险的星球。所有人都会背着一个装满石头的背包穿越一片片地带，而忧虑、难题和挑战就好比这些石头。

---

① 大约 12 万到 3 万年前居住在欧洲及西亚的古人类，属于晚期智人的一种。——译者注

不是只有你一个人这样，我们人人都是如此！关键是你要取出包中的石头，然后加工它们，而不是总对别人抱怨你过得多么糟糕。不要再用自己的过去来定义自己，从现在开始，享受当下的每一秒钟，因为你的生命就是从这一瞬间开始的，就在此时此刻。我会将每个人的生命都想象成一条股票涨跌曲线。谁才是决定这条曲线今日走势的人呢？没错，就是你！

请花些时间，勾勒出属于你的那张人生行情图。观察一下你的人生曲线以及曲线中那些向上或向下的波动吧。和朋友们聊聊你的人生行情图，并努力让图中的曲线从今天起永远都能向上延伸吧。

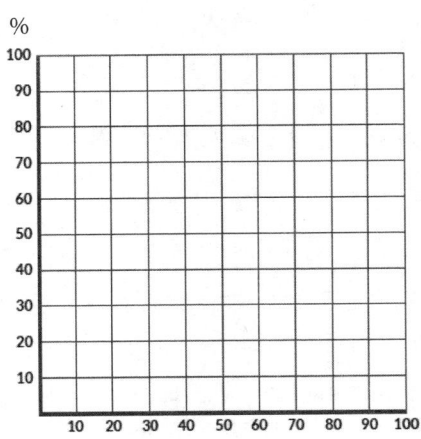

CHAPTER

镜像神经元的程序设定指南

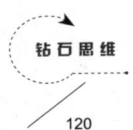

相信现在的你,已经为自己的新生活制定了一些具体的初期方案。你已经思考了自己的激情和内在动力藏在哪里,以及如何为冒险、爱与感情、安全感和意义这几个概念下定义。现在是做出改变的时候了。在你的生活中,能为你带来快乐和成功的那三个字母正是 T-U-N(德语:tun,"行动"之意)。请停止单纯的思考,请停止高谈阔论。赶紧行动起来吧!执行你的方案!你应当做的,是让周围的人都为你的成果而惊叹,而不是一次次地为他们讲述你的那些计划。

除此之外,我还想建议你针对生命中的几个方面做出彻头彻尾的改变。你还记得自己头脑中那些不断努力帮助你适应周遭环境的小东西吗?没错,正是你的镜像神经元。为了让你的改变都能获得成功,你需要先换一种方式来滋养这些特别的神经。接下来我给你的建议,有些会让你觉得小菜一碟，但有一些会令你感到为难，你可能会说："这我怎么能做得到？我现在都已经这样了。"所以，我想送给你的第一个建议就是：为自己设计一块展板。为了你和你未来的生活，拿出些时间，找到一张 A1 尺寸的空白展板或海报纸、一些杂志、一把剪刀和若干白纸。仔细寻找杂志中那些瞬间便吸引你的插图。你将如何构想自己的新生活以及那个崭新的自我？你会在哪里居住，从事什么工作？哪些因素将激励你前进，哪些事情能给你带来满足感，哪些目标是你想达到的？

剪下那些给你的内心带来积极感受的图片，你的内心与图片产生的共鸣越强烈，图片的价值就越高。将所有这些图片都贴到你的展板上，并将展板放在一个你每天都会不由自主地注视很多次的地方，比如床的上方、写字台或冰箱的旁边等等。展板具体贴在哪个地方并不重要，重要的是，你一定要尽可能多地看到那个位置。如果你经常出门，那就拍下展板，并将它设置成手机的背景图片吧。每天你都要需拿出时间来将这张图片观察很多次，并用心感受每一张插图为你带来的能量。这么做将会不断让你想起自己的前进方向和目标，并会提醒你，哪怕是最微小的改

变对你而言都有多么重要,这种做法激励你不断前进。如果你已经有了另一半,那你最好让爱人也参与进来,因为这会让你们能够互相提醒彼此的目标,并将你们的目标可视化。

好吧,你现在已经准备好重新规划自己的镜像神经元了吗?那我们就开始动手吧!我可以用自己的经历告诉你,这种对目标的肯定究竟多么管用:我曾在1999年的时候给自己写了封信,并在信中制定了2020年要达成的目标。在这之后,我不断地阅读信中的文字,时至今日,其中一些目标我已然达成。

请将"逃兵词语"从你的词典中删除

先问你个问题:"好吧""也许""一般情况下""不好说""可能""或许""可能有""如果……的话"……这类词你一天会用多少次?你知道我管这些词叫什么吗?——"逃兵词语"。虽然有些夸张,但是恰如其分。请将这些词从你的词典中删除,并立即将自己的言谈具体化。你身边有多少几乎无法独自做决定的人,即那些永远都给自己留好了后路的人，无论他们面对的问题是关乎一个冰激凌、一场约会还是一辆新车？

现在再来反思一下这类人给你带来的影响吧。也许此时你会不由自主地想起一些好朋友或几位友好的同事，你会觉得他们在你的眼中算不上"抱怨狂"。没错，可是总把这些词挂在嘴边的人，永远也无法做到一件事，那就是获得真正的成功！只有具备了不走寻常路的胆量，我们才能做出果断的决策，才能收获成功和快乐。在这里，我们不妨针对日常生活进行一番思考：哪些商品正是借助它们与众不同的特点而捕获了你的心？比如你的智能手机、汽车、电脑等等。你想起了哪些成就不凡的产业巨头？它们为什么会成功？因为它们和别的企业不一样，因为它们坚决要求自己做出一些与众不同的事情。

这条原则几乎适用于所有的成功人士。我建议你尽可能多读人物传记，因为在人物传记中，你将会不断遇到那些在人生中的某个特定时刻决心让自己与众不同的人。所以，请做出决定，并坚持贯彻自己的决定，即便它是错的也无妨，因为错误的决定会帮助你成长。从今天开始，不要再贬低自己，不要再向自己和别人讲述那些由谎言组成

的故事,即那些关于你为何无法到达顶峰的故事。如果内心那只恐惧的小狗又开始打扰你了,那么请叫它下次再来,因为它的主人现在正肩负使命。

如果你自己想得到别人的建议或意见,你会去问那些经常用"也行吧"、"不好说"或"可能"来回答你的人吗?不会的!你问的人在你心中一定是一个真诚的人。逆向思考一下,你同样可以通过删除"也行吧""可能"之类的词,来给对方提供真诚的反馈,这并不会让你伤害他们。我可以再向你介绍一下我心中最典型的"逃兵词语"吗?这个词就是"人们"。你肯定能想起一些特别喜欢把这个词挂在嘴边的人,比如他们会说:"人们必然会这么做",然而这里的"人们"指的是谁?其实就是他们自己!这些人会在晚上捧着一包薯片窝在沙发上,嘴里叨叨着"人们可能必须多做些运动了"。然而,他们自己是从来不会这么做的,他们只会空谈。

最后我还想补充一点:请不要再生活在过去中,并试图挖掘出过往时光与此时此刻的联系。太多太多的人都在抱怨,假如当时他们怎么怎么样,现在就会变得更成功、更富有、更受人爱戴。过去的事情注定无法改变。请告诉你头脑中的那位发言人,自己的过去其实也完全可能更糟糕。请活在当下,因为只有在此时此刻你才能发挥自己积极的影响,而在这个过程中,你最好放弃那些"逃兵词语"。

为智商充电

问一个让你难以启齿的问题吧:在忙了整整一天之后,你回到家都会做些什么?对于数百万德国人来说,有一件事是必然要做的:看电视或打电脑游戏。现在我想提一个可能会让你觉得疯狂的建议:大幅度缩减自己看电视的时间。为什么呢?因为电视是一台"收入粉碎机"。在看了几小时电视之后,你有没有一种思维被迷雾笼罩的感觉?这个现象甚至已经得到了科学证实。多项研究表明,电视会触发人脑中的 α 电波。这是一种频率在 8~12 赫兹之间的脑电波,通常情况下,α 电波会让大脑进入一种放松的、沉思的状态。

让大脑在这种状态中沉浸一小会儿,当然是有好处的,然而长时间看电视会适得其反,因为这会引发注意力缺失。电视看得太久的人,同样可以盯着一面白色的墙壁注视很

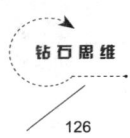

久。你想对自己的大脑做这种事吗？根据德国联邦统计局的统计，在2018年，14~69岁的德国人平均每天看了220分钟电视。看到这个数据，你还会为大家都失去了梦想、失去了彼此交流的能力而感到吃惊吗？我们每天花几小时看别人出行，却不会为自己计划一场旅行。恋人们开始好奇，为什么他们的感情开始变得磕磕绊绊——因为唯一运转流畅的就剩下电视了，尤其是当这台电视被放在卧室里的时候。

全家人可以坐在一起，一动不动地看上几个小时的电视，却不会彼此交谈。电视接管了他们的娱乐活动。与学校生活不同的是，针对电视这件事，要不要和别人"打成一片"，决定权完全在你手里。我并不是说让你今后再也不看电视，而是想送给你两个建议：一个是大幅度减少自己的电视消费，而另一个更为重要——你要小心自己观看的内容！电视节目中同样有"抱怨狂节目"。没错，正是那些从头到尾都充斥着世间不公的节目。疾病、贫穷、糟糕的国家……这些信息都会毒害到你，尤其是在你睡觉之前。

我跟你讲过自己在睡眠实验室中的那段工作经历吗？

在攻读心理学专业的时候，我曾遇到过很多抱怨自己难以入睡的人。大多数情况下，通过让他们进入人工睡眠状态，我们很快便能发现造成他们睡眠障碍的原因。没错，正是电视！在不安稳的睡眠阶段中，病人的脑海里经常会重现恐怖电影中那些包含了电锯、斧头以及肢体暴力的场景。所以，请注意自己的视觉摄入。

除此之外，很多电视节目还有一个目的：让"抱怨狂"们在第二天早晨茶歇的时候，能够针对前一天看到的内容抱怨一番，因为有足够多的证据可以证明我们的世界有多么可怕。在此，我想将话题转移到另外一个重点：停止观看时事类报道。也许你会觉得我疯了，因为你需要知道这个世界上正在发生什么，以便让自己显得不会愚昧无知。相信我吧，"教育"绝非意味着必须时时刻刻都知道世界上发生了哪些黑暗的事。教育意味着你要知道什么事情能够让你成长，能够给你带来良好的感觉。除此之外，那些真正重要的事情，你肯定能从自己周围的人身上获悉。所以，请将周围的人当成你的"私人过滤器"吧，不要再让自己的头脑被那些多余的信息填满。你生命中的经历应当比电视中的节目更多，所以，请关掉那台收入粉

碎机。

　　有一个吸引力十足的备选方案能够让你的头脑中装满有意义的信息,这个方案便是培训课程和书籍!你还记得有一位头等舱旅客曾送给我的那条绝妙的建议吗?——"你目睹的一切、听到的一切,最终都会从你的嘴里说出来。"所以,让自己的头脑中充满积极的元素是至关重要的。读书吧!尽可能多地读书吧!请阅读传记以及那些关于动力和自我发展的书籍。顺便说一句,你可以在上班的路上或者运动的时候听一些优质的有声书。合理安排个人时间,不断地提升自我,你应当在这方面成为一位高手。请坚持听播客(podcast),播客是由专家录制的音频系列,他们会用这种方式将自己的知识提供给你,而且不会收你一分钱。

　　如果你每天为自己投入一小时,那么 365 天之后你便能看到令自己惊叹不已的成果了。如果你愿意这么做,并遵守所有的约定,那么你不久就能获得一个特殊的"MBA"了,即一个数额庞大的银行账户(massive bank account)。比如,我本人会通过参加讨论课的方式来提升自己,和在中小学或大学里不同的是,我可以在讨论课中购买到独特的专业知识，此时此刻，那些为我提供或讲解知识的人已经做到了我有朝一日也想做到的事。根据税务顾问的统计，从1998年起，我已经在个人提升方面投入了25万欧元。为什么？因为这些知识别人永远也不可能从我身上夺走。个人提升不一定是件烧钱的事，时至今日，网络上已经有了很多高质量的课程，而且很多顶级的在线课程是免费的。

Ted 演讲：www.ted.com

EDX 在线课堂平台：www.edx.org

Bewohnerfrei?-YouTube-Channel（YouTube 电台：告别负能量）：www.tobias-beck.com/youtube-kanal/

研讨课还有一个好处，那就是你能在课上遇到很多志同道合的人，你可以同他们针对自己的主题交换意见。而在别的地方，你绝不可能一下子遇到这么多"钻石"。请让自己进入他们的圈子中，倾听他们的故事，难道这不比看上一段你已经看过几遍的电视节目有趣得多吗？除此之外，你在研讨课中还能获得最好的认识人生导师的机会，即那些能让你更上一层楼的人。请将你所在城市中的这类人都邀请到你组织的"才子见面会"中。比如我会定期组织我的"智者小组"滑雪,在几次共同出行之后,我们便坐在了一起,开始制订改变世界的计划。请相信我,如果你想开阔自己的眼界,让自己心怀更大的志向,那么让"钻石"和"超级明星"围绕在自己的身边肯定是最好的办法。身边拥有一些世界观不同的、身处其他领域的人,绝对是一件有意义的事,因为你能从他们身上学到很多。请重视我的这个建议,否则你在度假的时候便总是一个人,而这样的假期毫无意义。

请有意识地为阅读规划出固定的时间。比如为了让自己的头脑清醒起来,而在早晨睁眼之后的一刻钟读读书,或者在下班后的几分钟,或者睡前的半个小时。你给自己预留的是哪一段时间,这并不重要,重要的是把握住这些自我发展的机会,并以正确的态度来看待书籍——它能让你以低廉的价格获取专家身上那些宝贵的知识。你应当完全沉浸在这种感觉中,这样你便会更加懂得珍惜眼前读到的每一行文字。

成为他人的榜样

你有没有经历过那些一切都糟糕透顶的日子？你刚一起床便没了兴致，电台里播放着你不喜欢的歌，街上的人令你生厌，而你此时只想得到属于自己的那份安宁？想象一下，假如你现在正处在这样的一天中，你会散发出何种光芒？你会如何对待身边的人？你会对有求于你的同事说些什么？你会如何同你的家人打招呼？

想想看，你在这一天中会是什么样子？请写下你的想法：

1._____
2._____
3._____
4._____
5._____

这类糟糕的日子会被你的"低潮自我"所控制。当然，"低潮自我"的反义词正是"高潮自我"。在"高潮自我"统治的日子里，你会想要拥抱整个世界，会为他人以及他

们的诉求花很多时间。在这样的一天中，即便你的车堵在路上，你也会跟着车里的广播放声高歌。在家中等你享用的，一定是你最爱吃的菜，就算阴雨绵绵，太阳也会在你的心中发光。

想象一下，在这样的一天中，你的形象如何：

1._____
2._____
3._____
4._____
5._____

我现在想送给你一个疯狂的建议：同自己定个契约好不好？从今天起，你要保证每天都将自己最好的那个"版本"呈现出来。是的，我没开玩笑！想想吧：每天都向自己的"高潮自我"前进一步，难道不是件很美妙的事吗？你如何才能做到？答案是：从小事开始做起。即便你目前正处在"低潮自我"之中，你也随时都有权力来决定这个低潮的持续时间。我建议你拍下刚才记的笔记，然后在"低潮自我"出现的时候读一读那些笔记，然后做个决定：你应当散发出什么样的气质？是"低潮自我"的气质，还是笔记中那些"高潮自我"特有的气质？

打个响指，下定决心吧！在这之后，请从小事做起：在排长队的时候，让身后带了孩子的家长站到你的前面，观察一下他们会做何反应。向走在街上的人微笑，看看你将会收获什么。如果电台中的音乐你不喜欢，就听听自己最喜欢的CD吧。拿出一点点时间，让自己从日常生活的恐慌中解脱出来，欣赏一下长在街边的小雏菊，学会赞叹生活中那些小小的奇迹。别忘了，将自己最好的一面展现出来，对你的孩子而言尤为重要。小孩子的敏感度非常高，如果你正处在"低潮自我"之中，他们很快便会察觉。"别烦我""这个你不会""你的智商不够干这个""别这么胆小"……我们此时说出的话会触发孩子的诸多情感，然而这并非我们本意。

你还记得父母曾对你说过的话吗？这些话给你带来了哪些影响？即便是我们的爱人、朋友和家人，他们也都同样容易成为"低潮自我"的受害者。所以，为了自己和自己周围的人，请做出一些刻意的举动。很多时候，你的内心会出现两种声音。比如，如果你对餐厅的服务还满意，

那你在付账时便应当有意识地提醒自己,依照最先出现在你脑海中的数字来给小费,而不要让计算出来的"合理化"金额成为主角。如果餐费超过了11欧元,那你就追随自己内心的感受,直接付20欧元吧。这时你会看到你的行为将会触发什么。整个宇宙都会遵循共振定律,就像游轮上关于海鸥的那个故事一样,如果你做了正能量的事,那么你便会为自己吸引到正能量。

不要再拿自己同他人比较

如果你真的想快乐地度过一生,那我想在这里再送给你一条尤其重要的建议:请停止拿自己同他人比较。羡慕和嫉妒是你成功道路上的最大阻力。为什么?因为你的精力全都放在了那些你不曾拥有的东西上,而这恰恰是错误的。你听说过吸引力法则吗?——你专注于什么,便会得到什么。所以,你应当为自己制作一张展板,并将注意力放在自己的愿望以及那些真正能为你带来快乐的事情上。

这也是为什么"抱怨狂"从来都不会获得成功和快乐的原因所在。他们从早到晚都会将精力放在生活的消极面上。简而言之，如果你觉得自己没有晋升的机会，那你就真的没机会升职；如果你觉得自己永远也达不到理想的体重，那你的下一站依旧会是薯条快餐店；如果你相信自己就是一只象征着厄运的乌鸦，那么生活绝不会把金子赏赐给你，它能给你的只有臭袜子。

　　什么可以让你改变自己的人生？我们之前学过吗？没错，正是"痛苦"和"兴趣"以及那种寻找到内在动力的激情。每一天你都应当为拥有的东西而庆祝，并将自己的能量转移到那些想要达到的目标上。嫉妒和失落会夺走你的能量。如果你的朋友或熟人做成了一些事，那你应当和他们一起为此感到高兴。如果他们进入了"人生四象限"中的下一个象限，那就为他们庆祝一番吧。请别忘了，你会成为与你度过最多时光的那五个人的集合体。这对你而言又意味着什么？没错，如果他们正在前进，那你也能一同前进，这棒极了，不是吗？最后我想说：因为你永远都能找到"比你强"和"比你弱"的人，所以同他人的比较注定毫无意义。

成为你生命中的"明星",并报答社会

自问一下,在你的人生中,你曾做出过哪些回馈?在生命的每一天里都能帮助身边的人变得更好——你还能想到比这更伟大的事吗?你能不能用自己的热爱来让这个世界发生一些实实在在的改变?太多的人都在被他们心中那些"快乐元素"所驱使——金钱、权势,抑或二者的结合。请花点时间,观察一下这些所谓的"成功人士"吧。从外界的角度来看,他们中的很多人就如同傀儡一般。我认识一些账户里有几百万存款的人。但这些钱真的能让他们开心吗?不能!相关研究已经证明,年收入75000美元(约合61000欧元)的人,其幸福感会比年收入低于75000美元的对照组要强。然而,比75000美元更高的年收入未必能让人更加快乐。结果很有趣,不是吗?很多收入顶尖的人,其实已经陷入了一个模式之中难以自拔。他们会戴上面具来隐藏自己,而消费行为以及买来的那些所谓的"满足感"正是他们的面具。他们能感受到报答社会的快乐吗?

请勇敢地坚持自己的愿望,展现出真实的自我,不要让自己被他人的期待所束缚。认真思考一下:真正能推动你前进的究竟是什么？你积累了哪些经验，过了哪些桥，经历了哪些痛苦？在同他人打交道的过程中，你的形象究竟如何？你想让什么样的人出现在自己的身边？

最重要的是：你如何才能帮助别人、报答社会？

1._____
2._____
3._____
4._____
5._____

CHAPTER

在你的一生中，哪些困境让你变得强大

在这一章里我想告诉你,实现自己的目标,明确告诉周围的人自己想要什么、不想要什么,为什么会如此重要。我想给你一种力量,让你在遇到不合心意的事情时能够张口讲出自己的意愿。遇到那些想要打破他人意愿的人,究竟是一种什么样的感受?我在我的童年和少年时期曾经以一种极为痛苦的方式经历过这一切。

故事的开头平淡无奇,那是在1988年的夏天,我妈妈试图为我妹妹寻找一个幼儿园,我那时11岁,直到今天,我还能回想起当时坐在闷热的汽车里等他们等到绝望的感觉,我们开车去了伍珀塔尔所有的日间托儿所,但收获的只是一次又一次的拒绝。突然有一天,事情出现了转机。我妹妹极其幸运地获得了进入一所私人幼儿园的机会,而我也可以在放学后到那里接受作业辅导。这听起来是个好主意,至少我是这么觉得的,因为我当时的成绩相当糟糕。

长话短说吧，我们在完全不知情的情况下，一步一步地走进了一个德国最可怕的宗教异端。为什么我在自己的一生中永远也不会让别人剥夺我说话的机会？后面的故事也许能让你稍微明白一些。事后想想，受过教育的成年人怎么会去参与这样的宗教行为，这对我来说一直都是个谜。不久，这个"团体"便成了我们生活的全部，看似平常的《圣经》朗读背后，隐藏着一个个险恶的计划，这些计划与园外的正常世界几乎没有任何共同之处。

虽然我被允许继续去公立学校读书，然而他们禁止我和身边的同学交流。别的孩子可以看《喝彩》（Bravo）杂志[①]，可以看电视，然而这些行为在我的生活中都被妖魔化了，一旦触碰就要受到惩罚。我当时经常受惩罚，因为和别的孩子一样，我也不喜欢让别人告诉我能做什么、不能做什么。有一次我看电视被发现了，他们威胁要惩罚我，我为此害怕了很久。每个周日，"罪人"都会被带到"团体"成员面前，然后受到公开的侮辱。那里的人会将"罪人"带到布告台上，打开聚光灯照射他，随后所有成员（200~300

---

① 《喝彩》（Bravo）是德国著名的青少年杂志，包含明星、音乐、电视节目等青少年喜爱的话题。——译者注

人）便会一齐朝着他怒吼。这个过程会持续好几个小时，直到他明白自己的"罪恶"，并乞求宽恕为止。现在要轮到我登场了。这个"仪式"会在"罪人"家属不在场的时候进行，所以我不能寄希望于获得他人的帮助。

在走向布告台的路上，我的双腿朝四周乱踢，用牙齿撕咬着，我一边哭喊，一边试图用手脚来保护自己，但这一点儿用也没有。随后我便被按倒在一把椅子上，在晃眼的聚光灯下，他们朝着我怒吼，直到我保证以后不再"犯戒"为止。随后，为了让我反省自己的"罪恶"，他们用手铐将我铐在了木屋的柱子上。我真的很想让自己能够忘掉这段恐怖的时光。从那时起，幽闭恐惧症便开始越发频繁地困扰我，然而我并没有日复一日地抱怨，而是尝试利用自己的这段过往经历。我将自己的悲伤和失落都转化成愤怒，而我的人生目标就是从这股怒火中产生的：我想让别人变得强大，只为让他们永远也不会经历我所经历的事。

然而最令我毛骨悚然的还是下面这个"仪式"：所有女性"团体成员"都会在周日戴着头巾乱跑，然后彼此用一种特有的"天使语言"（一种只通过吸气来发声的"语言")交流。直到今天,我还会在噩梦中经历这个场景。"团体"中的男性和女性会根据"头领"的指示来结婚,无论他们是否彼此相爱。"教派"成员会给未婚的男女头上套一个装土豆的麻袋,然后在他们下一次彼此"见面"的时候,他们就突然变成夫妻了。他们会通过关禁闭的方式(仅提供水和面包)来让一些孩子抛弃自己的意愿。由于我之前已经遭受了公开的羞辱,因而得以免此酷刑。

后来,我的父亲不再同意将每个月四分之一的薪水交给这个异端,所以我的父母走到了离婚的边缘,而一切也是从这时开始恢复理智,最终我们悬崖勒马。在这之后数周,我家门口一直都停着一些陌生的汽车,家里的电话也是没日没夜地响——那些人还在尝试用各种方法把我弄回去。在这段恐怖的时光过后,我的自信心降到了0,自我印象也糟糕至极。我害怕同他人搭建关系,害怕出现亲密,因为我总担心自己会再次受到伤害。随着时光的流逝,我逐渐学会了将过去的这段经历当成一份礼物,当成自己性格的一个组成部分来接受。我们度过的每一天都是为了学习,而我当时已经从中学到了很多。

请记下那些曾给你的心灵打上烙印的消极经历：

1.＿＿＿＿＿＿＿＿＿＿＿＿＿＿＿＿＿＿＿＿＿＿

2.＿＿＿＿＿＿＿＿＿＿＿＿＿＿＿＿＿＿＿＿＿＿

3.＿＿＿＿＿＿＿＿＿＿＿＿＿＿＿＿＿＿＿＿＿＿

4.＿＿＿＿＿＿＿＿＿＿＿＿＿＿＿＿＿＿＿＿＿＿

5.＿＿＿＿＿＿＿＿＿＿＿＿＿＿＿＿＿＿＿＿＿＿

你从中学到了什么？

1.＿＿＿＿＿＿＿＿＿＿＿＿＿＿＿＿＿＿＿＿＿＿

2.＿＿＿＿＿＿＿＿＿＿＿＿＿＿＿＿＿＿＿＿＿＿

3.＿＿＿＿＿＿＿＿＿＿＿＿＿＿＿＿＿＿＿＿＿＿

4.＿＿＿＿＿＿＿＿＿＿＿＿＿＿＿＿＿＿＿＿＿＿

5.＿＿＿＿＿＿＿＿＿＿＿＿＿＿＿＿＿＿＿＿＿＿

在你的一生中，哪些困境让你最终变得更加强大？

1.＿＿＿＿＿＿＿＿＿＿＿＿＿＿＿＿＿＿＿＿＿＿

2.＿＿＿＿＿＿＿＿＿＿＿＿＿＿＿＿＿＿＿＿＿＿

3.＿＿＿＿＿＿＿＿＿＿＿＿＿＿＿＿＿＿＿＿＿＿

4.＿＿＿＿＿＿＿＿＿＿＿＿＿＿＿＿＿＿＿＿＿＿

5.＿＿＿＿＿＿＿＿＿＿＿＿＿＿＿＿＿＿＿＿＿＿

CHAPTER

不要向别人征求许可

你才是驾驭自己生命的船长，而家庭环境、学校教育以及过去的一切元素都无法为你的成就负责。这也意味着，在实现梦想的道路上，你无须征得任何人的同意。所有成功人士都是行动者，而非单纯的思考者。比如，为了让自己能够自力更生，你需要一个奇妙的商业创意、一颗准备好为实现梦想而日夜奋斗的心，还有一张营业执照，就这些了。我当年也没问过别人是不是应当组织公开课，是不是有必要录制《告别负能量》播客，因为在你问别人的那一刻，你就在自我抵制心中的计划。

为什么？就以我的公开课为例吧。假如我问了别人的话，也许好多人都会这么说："托比，现有的公开课已经足够多了，而你的企业培训课现在办得不错。"在听到这句话的那一刻，我的想法其实已经跑偏了，如果能避开这类"建议"，我依旧享受着完全的自由：只要想一想我们能够改变多少人的生活，我的内心便已经兴奋得要爆炸了。播客的例子也是如此。没错，我知道现有的播客已经很多了，然而我还是在没有征求任何意见的情况下购买了全套设备，并开始工作。最终的结果呢？我们一下子便蹿升到经济类播客排行榜的榜首！不要空谈，不要商量，行动起来！——这正是我们团队的黄金法则。借助这些课程和博客，我们创造了几百万欧元的营业额。谁应当批准我们行动？宇宙？父母？朋友？永远不要让自己的成功被他人左右，因为这只会导致你的失败。如果我那时候听从了那些来自四面八方的"经验之谈"，我现在依旧只能坐在替补席上观望人生。

为了能让自己每天都获得必要的刺激，我想把我的个人"宣言"拿出来同你分享。要想将自己的潜意识调整为"成功模式"，你需要在日常生活中反复朗读这些文字，你最好能站起来读，大声读，用手摸着自己的胸口读。

- 我是赢家
- 我很真诚
- 我能为他人带来更多的价值

- 我足够优秀
- 我被他人所喜爱
- 我是赢家
- 我努力成长
- 我任何时候都会努力做到100%
- 我是问题终结者
- 我做我所热爱的事
- 我是赢家
- 我会回报他人
- 我会激励他人
- 我能为他人带来灵感
- 我相信内心的声音
- 我是赢家,我爱我的生活!

CHAPTER

让自己保持敏感

在人格发展的道路上潜藏着很多危险,而最大的危险深深地扎根在你的内心中。学会面对来自他人的意见和评价,是最困难的练习之一。我们所有人都希望得到爱戴和重视,针对自己正在做的事,我们最需要的就是来自他人的关注和承认,所以我们会在自己身边的圈子里寻找这些元素。如果我们参与了一门训练课,或是从一本书中获得了新知识,那么身边的朋友、亲戚和同事对此做出的反应往往让我们颇为吃惊。我们正在做的事经常会被他们嘲笑,我们甚至会彻底失去来自他们的认可。如果以前你允许自己每周都喝酒,而现在你不再愿意和自己的酒友踏遍一个个酒吧,那你觉得你的那些酒友会做何反应?"你准备开始为自己的梦想而生活了,我们觉得这很伟大。"这句话你可能要等很久很久,因为你周围的人一定会尝试动用一切力量将你拉回过去的模式,即便是与你最亲的家人也可能会这么做。

举个例子吧：不久前我接到了一个着实令我心烦意乱的电话。我的研讨课的一位年轻学员的父亲在电话里对我大吼了一通，质问我为什么敢给他儿子灌输那些"荒唐可笑的念头"。我打断了他的话，询问了原委，他气得声音发抖，说他的宝贝儿子自从参加了我的人格大师培训课程之后就像变了个人似的。谈论人生的梦想，在他眼中属于放肆的行为。这位老爸已经在自己的企业中为儿子找好了学徒岗位，他的儿子本可以在那里稳定地工作20年，然而现在的他想要成为艺术家。"搞艺术多穷啊！"在喷出了这句话后，父亲怒气冲冲地挂了电话。

这个电话让我思考了很长一段时间。毫无疑问，这位父亲爱他的儿子，否则他就不会那么激动了。只有一件事真正令我们动心的时候，我们才会控制不住自己的情绪。然而从另一方面来看，这个电话背后隐藏着一个令人悲伤的原因：一旦一个人的内心获得了成长，并且让自己的生活发生了显而易见的改变，那么在他周围的人群中便会突然出现恐慌，大家都开始担心这个人不再像以前那么"适用"了。我甚至能从一些父母身上察觉到这种心情。父母

几乎总会将最好的东西奉献给自己的孩子,一旦后辈真的开始崭露头角,并逐渐超越他们,他们与孩子之间的关系就有可能恶化,电话里那位怒不可遏的父亲便是一例。

　　有一点对我而言尤为重要:永远都要注意让自己保持敏感。停止游说,走你自己的路,同时也允许别人走他们的路。我过去曾在这里犯过很多错误,我那些欠考虑的行为令我失去了在我心目中很重要的一些人。我想为每一个人传道,并开始变得傲慢、自负。我的措辞太过激烈,很长一段时间我都无法理解,为什么并非人人都想让自己过上最美好的生活。然而事实就是如此:那些要求我们针对自身以及个人决定展开思考的书籍,很多人就是没有力气阅读。

我已经不再为自己朋友圈和熟人圈里的人授课了，只有别人主动问询的时候，我才会提供帮助。为什么？因为我希望自己身边的人都能过得舒心，而不要有那种必须为我或者自己证明些什么的感觉。我会在谈话的时候提出很多问题，但不会评价对方，而是努力寻找对方生活中的积极面。圣诞节的时候，我很喜欢把书籍当礼物送出，这些书会帮助我们叩开人格发展的大门，如果我获得了读者积极的反馈，那我便会淡然一笑，然后邀请他们参加我的公开课，而他们对此的回应也颇为积极。我最常听到的一句话便是："为什么我没有早点开始思考这些话题？"此时我会在心里对自己说："朋友，因为你直到今天才敢开自己的心扉，欢迎走进我的世界。"

CHAPTER

你当像鱼跃入更宽的海

在我还是个孩子的时候,我住在美国的叔叔每年都会来我家做一次客。他的身材高大魁梧,胡子灰白,性格温和友好,他是我们这个家庭的"明星"。我的叔叔年轻的时候就离开了德国,随后在纽约发迹,成了百万富翁。他是个讲故事的高手,话题经常是那些成功的人。有些故事我们已经录了下来,直到今天,我们还会在家庭聚会上听起他的故事。我依旧清晰地记得,每当他讲起这个广阔的世界时,我们听得是那么如醉如痴。他很喜欢阅读人格发展方面的书籍,并且很早便发现了积极心理学的力量。

我的叔叔总会把为我们这些孩子准备的特殊"课程"装进自己的行李箱。他常在圣诞节期间来拜访我们,那时我家客厅中的圣诞树会闪闪发光,整个房间都弥漫着德国家庭厨房的香气,为此我的叔叔会盼望一整年。我也总是十分期待他的到来,因为他总会带来非常特别的礼物,而我身边的小伙伴没有一个能获得这样的礼物。

平安夜里，当时只有五岁的我站在圣诞树前，嘴里唱着那些非唱不可的圣诞歌曲，双眼却直直地盯着那个写着我名字的包裹。交换礼物的那一刻终于到了，我两眼放光，幻想着几秒之后就能将一辆遥控汽车或者类似的超级大礼捧在手中的场景。我撕开了包装纸，在看到眼前的礼物——一个儿童鱼缸时，我一下子傻了眼。我抬起头，目光直盯着叔叔的眼睛。在我大声抱怨之前，他开口了："托比，你永远不可能从我这里得到你想要的礼物，你得到的只会是能帮助你在生命中前行的礼物。"我完全不能明白他的意思，心中只有失望。

第二天，我们一起坐车去城里的宠物店买鱼。我的叔叔告诉我，我现在已经到了应该为生命中的一些东西负责的时候了，而这条鱼只是责任的第一步。每天从幼儿园回来之后，我都应当喂它，如果发现了什么不同寻常的地方，我可以给远在美国的他打电话，将发现的一切与他分享。就这样，金鱼霍斯特（Horst）来到了我们家。我每天都乖乖地查看一切是否正常，但几天后我便没了心气，于是妈妈开始照顾我们的金鱼，给它喂食，给鱼缸换水。

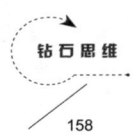

夏天到了,我也成了小学生。学校的生活对我的人生而言绝对是刻骨铭心的一章,因为我从一年级开始便发现,让自己融入规定的学制是多么困难。我开始对抗自己的老师,因为她每天都会强调我有多蠢。我总是悲伤地走在回家的路上,常常哭泣,我的父母对此无计可施。秋天过去了,寒冬如期而至,叔叔的到访也正在一天天临近。于是我又开始站在窗前,期待着他和他的故事。

叔叔终于来了,他从后备厢中拿出了一个特别大的包裹,这件礼物在我们的圣诞树下放了好几天,我几乎等不及要拆开它了。我的愿望终于要实现了!我的脑海中已经出现了自己在玩遥控汽车的场景。在拆包的时候,我的叔叔在身后提醒了我一句:"托比,别忘了,你从我这里只能得到你人生所需要的礼物,而不是你想要的礼物。"我不知所措地盯着包裹里装的东西——鱼缸。这个鱼缸比之前的大了一些,是彩色的,还附带了各种配件。我愤怒地跺着脚,扯着嗓子抱怨道:"我已经有鱼缸了,那条金鱼还在鱼缸里游呢!"

我失望至极,眼泪从脸颊滑过。"跟我走吧",叔叔对我说道。我俩走进了卧室,坐在床上开始交谈。34年过去了，直到今天我都清晰地记得这次谈话。"你的爸爸妈妈跟我说，你很难融入学校的生活，我过去很长一段时间也是如此。孩子，你知道吗，我甚至无法融入德国的生活。所以我去了纽约，那里的一切都更加宏伟，色彩都更鲜艳，而且充满了机会。"

日复一日，周复一周，每天放学之后，我都会看看自己的"室友"。突然有一天，我真的发现了些什么：霍斯特明显长大了很多！我跑进客厅，给远在美国的叔叔打了电话，将我的发现告诉了他。他说道："托比，请认真听我讲：世间的一切都处于成长模式之中，然而我们会主动适应自己所处的环境和家庭。在小鱼缸里，霍斯特无法成长，而它现在有了施展自我的空间。无论何时，只要你发现自己所处的'鱼缸'太小了，那就跳进一个更大的'鱼缸'吧。如果你发现自己又已经成了'鱼缸中最大的那条鱼'，那就再跳出来，让自己进入一个更为广阔的空间吧。"

那时我还不能完全理解叔叔的话，然而他的最后几句话在我脑海中留下的场景，直到今天我都难以忘记："托比，水中最大的生物是什么？""鲸鱼。"我回答道。"是的，我的小伙伴，鲸鱼生活在大洋深处，因为那里才是属于它

的地方。"那是我们最后一次谈话了,因为就在同一年,我的叔叔离开了这个世界。很多年之后,我才慢慢理解了他的那些故事的寓意,他不会在意我对遥控汽车那种短暂的渴望,但十分注重我的人格发展。水族店的人和鱼类专家会告诉我,这条鱼无论如何也不可能长大——然而霍斯特真的长大了。

CHAPTER

纵身一跃,体验"心流"

想象一下，你现在正背着降落伞站在一座巨峰的峭壁之上。你朝下看了一眼，几乎看不到谷底。恐惧和怀疑逐渐在你的脑海中蔓延，你的小腹开始痉挛，嘴巴开始发干，胸口开始发闷。你的整个身体都在颤抖，内心的声音也在变得越发清晰："降落伞如果打不开怎么办？""如果我跳下去的时候受了伤，然后撞到崖壁怎么办？"随后，你的心中还会出现另外一个声音，这个声音起初会很弱，并显得不可理喻，它会告诉你："必须跳下去！"这个声音其实已经被我们压抑了很多年。别人试图让你变得渺小，强迫你做那些不属于你人生计划的事，并给你很多消极的暗示或劝告，只为让你内心的小精灵越来越安静，让你内心的火焰越来越弱，比如他们会说：

· 你做不到！

· 一鸟在手胜过百鸟在林！

- 是什么给了你爆发的勇气？
- 你太高了／太矮了／太胖了／太瘦了／太老了／太年轻了／太不爱运动了……

这些话会如同一群马蜂一样在你的脑海中嗡嗡个不停，但之后会发生一件奇妙的事：你回想起了人生中所有经历过的悲伤和疼痛，并将它们都转化成力量和怒火。你身体的每一块肌肉，肌肉的每一个纤维、每一个细胞都已经为人生的腾飞做好了准备。你往前迈了一步，深深地吸了口气，你还能听到远处那些人的警告，他们正站在路上，背着沉重的登山包，抱怨着下山之路是多么艰难。但你内心的力量显然比他们更强大：你内心的小天使炸断了捆绑在你心中的枷锁，这道枷锁你已经忍受了很久。内心的力量让你再也不会小看自己，它砸破了那道混凝土墙，让心中的火焰一下子喷出来。这股火焰越烧越旺，你的眼中同样闪烁着渴望的目光，渴望着一段不凡的人生。那些在你看来仿佛创造了世间一切的力量如同火球一样聚集起来。你打消了最后一丝疑虑，跳下了山。

  在你觉得自己犯了错之前,你已经开始急速坠向山谷。你无论如何也没想到自己现在会陷入如此境地:你期待的快乐并没有到来,然而狂风吹向了你,将你吹到了岩石的尖端。你朝崖壁蹬着腿,开始流血,你疼得大叫,想着自己假如没跳该多好。然而这种自由落体还在继续。眼前的一切从你身边急速掠过,你开始对自己的勇气感到后怕。你发现身处这个高度,你的身边根本不可能有谁能接住你。就在这时,你的身体再一次撞上了崖壁。

  你叫喊着,开始质疑一切,然而此时的你忽然听到了一声巨响,并感觉自己仿佛被一只魔掌托了起来——降落伞终于张开了。你开始飞翔！这段空中旅程正是你人生的旅程。自然的美景开始为你服务，刚才还在让你经历痛苦的那阵风，这会儿则在尽力托着你飘浮。你在空中摇摆，第一次从另一个视角观察这个世界。雄鹰正在你的身边盘旋，并将目光投向它的"同道中人"。此时的你自由自在，开心不已，并且全身充满了能量，这便是你多年来所寻找的那种感受。专家将这种状态称为"心流"。请享受这股刚刚得到的力量吧，因为从现在起，你只需按一下按钮便可以随时呼叫这份能量。这是属于你人生的那一跃。在这件事上，没人会帮你，也没人能帮你。没有谁会许可你完成人生的这一跃。你的父母不会，你的亲戚不会，你的朋友不会，你的故乡不会，而那些自己都没有完成这一跃的人更不会。

所以我想恳求你一件事：无论你多老，无论你的恐惧有多么强烈，请纵身一跃，跃入你的人生。去问问所有敢于迈出这一步的人，他们都会微笑着告诉你，在纵身一跃之后，他们都经历了什么，他们的人生都发生了哪些改变。

CHAPTER

外界的"良策",不如你的导航系统

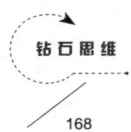

也许你在读完这一章之后,会觉得我是个彻头彻尾的疯子,或是个启蒙大师,抑或只是一个梦想家。一切皆非偶然,而是冥冥之中自由安排,这种看法也许并非空穴来风。

我总是喜欢用一个来自动物世界的故事来开始自己的主题(keynotes 幻灯片演示,以便能将我们人类的情况和这些看似简单,但想象力十足的故事联系起来。比如那些小巧的蜜蜂,它们在草丛中看到了世界之光,并不断地跟随着自己的使命。蜜蜂的使命?对于昆虫而言,它们的基因已经提前注定了一切。蜜蜂会追随自己的计划,但它们未曾拥有任何属于自己的意愿。每天清晨,它们都会离开蜂巢,去寻找当地最美丽的花朵。它们的运气不错,下一片野花丛已经不远了,而它们赶到之后,便会急切地从一朵花飞向另一朵花。为什么要这样做?我们的蜜蜂其实并不知道。它们只是日复一日地将花粉带回家,然后蜜蜂家族便会将花粉转化成花蜜。

蜜蜂的腿上有能粘住花粉的倒刺。这一点它们知道吗?当然不知道,它们只会追随自己的使命。而它们更不知道的是,这种看似毫无计划的飞行改变了整个生态系统,并让地球上的生命得以延续。它们只会展开翅膀,日复一日地飞翔。蜜蜂腿上的倒刺、花粉、授粉行为以及我们的生态系统……一切真的是个巧合吗?这是个问题,更有趣的问题是:你在整个宇宙的计划中应当承担什么工作。我个人是不相信巧合的。如果蜜蜂都能为我们的世界做出这么大的贡献,那么作为有意识的人类,如果我们最终能将头脑中的枷锁炸裂,又有哪些成就是我们实现不了的呢?

我想问你的问题是:哪些事情对你而言轻而易举?假如你不再需要赚钱了,你会从事哪些工作,你会飞向哪一片草坪?

1.＿＿＿＿＿＿＿＿＿＿＿＿＿＿＿＿＿＿＿＿＿＿

2.＿＿＿＿＿＿＿＿＿＿＿＿＿＿＿＿＿＿＿＿＿＿

3.＿＿＿＿＿＿＿＿＿＿＿＿＿＿＿＿＿＿＿＿＿＿

4.＿＿＿＿＿＿＿＿＿＿＿＿＿＿＿＿＿＿＿＿＿＿

5.＿＿＿＿＿＿＿＿＿＿＿＿＿＿＿＿＿＿＿＿＿＿

你在学生时代曾热爱过什么?

1.＿＿＿＿＿＿＿＿＿＿＿＿＿＿＿＿＿＿＿＿＿＿

2.＿＿＿＿＿＿＿＿＿＿＿＿＿＿＿＿＿＿＿＿＿＿

3.＿＿＿＿＿＿＿＿＿＿＿＿＿＿＿＿＿＿＿＿＿＿

4.＿＿＿＿＿＿＿＿＿＿＿＿＿＿＿＿＿＿＿＿＿＿

5.＿＿＿＿＿＿＿＿＿＿＿＿＿＿＿＿＿＿＿＿＿＿

经常会有人在研讨课上问我如何才能找到自己毕生的使命,而我的答案很简单:停止从外界寻找快乐,而是从自己的内心中寻找快乐。我们内心的导航系统,或者说是我们的潜意识从早到晚都会试图通过感觉来提醒我们应当去做什么，应当放弃什么。与此同时，外界的影响也会对我们施加作用，我们会被所谓的"良策"轰炸。所有伟大的导师都会毫不犹豫地跟随自己内心的声音来行动，在这一点上，我们应当效仿他们。如果我们这样做了，人生中所有的大门都会敞开，我们会来到一个以前想都不敢想的世界中。

你会相信托马斯·爱迪生曾经问过别人他可不可以发明灯泡吗？比尔·盖茨和马克·扎克伯格曾为自己的计划请求过家人的祝福，或者给计算机协会打过电话吗？没有人能够帮你，也没有人能成为你优秀的顾问，因为没有人曾经做过那些隐藏在你内心中的事情。而你腿上的那些"倒刺"同样与众不同，它们证明了你关联着世间的一切，它们就是你成就的证明。

然而你内心的声音同时也是你最大的敌人，因为它也最喜欢阻止你进行每一次探险，并渴望得知你现在正处于"安全"的状态下。为什么呢？因为我们的机体依旧处于以生存和安全为导向的状态中，对我们的祖先而言，一旦离开洞穴，他们内心便会受到恐惧和逃生欲的惩罚。时至今日，情况依旧如此，如果你站在小组成员之前分享自己

的人生观点,你一定会开始出汗,感到恶心反胃,并由于过度激动而露出恐惧的面色。

我也曾亲身经历过那种坚定捍卫自己想法的感觉。相信我吧,我那时的感觉和你没什么不同。我也会感到恐惧、不安,也曾经历过无数不眠之夜。尤其是当我鼓足勇气说出自己的想法以及前进方向的时候,我便将自己置于众人的风暴之中。我的很多朋友直到今天都理解不了,为什么我20多岁的时候会发现自己人生的使命,并不再和他们去夜店庆祝,用酒精来麻醉自己的痛苦。"你觉得你是谁?""谁会听你的话?"——这些都是我经常听到的问题。但我没有让自己再被拉下水,而是将这些扎进我内心的尖刺当成了自己的动力。最终造就你的,并非周围传来的那些丧气的话,而是你取得的成功。

有一件事每次都能给我带来巨大帮助:前往那些"超级明星"的工作场所,让自己看到他们的工作环境并感受到他们的能量。我心中一直很感激曾经的加尔各答之旅,在那里我有幸帮助特蕾莎修女[①]料理儿童之家的工作。她

[①] 特蕾莎修女(1910—1997):世界著名的天主教慈善工作者,一生致力于帮助穷人,曾获得1979年诺贝尔和平奖。

对我而言绝对是有史以来最伟大的"超级明星"之一。她没有默默接受现状,然后对穷人表达自己的惋惜之情,而是建起了福利院,并将那些露宿街头的孩子接了进来。

我们必须多多倾听自己内心那套导航系统的声音,因为直觉是我们人生中最好的引路人。如果动物都能通过直觉感受到即将到来的自然灾害并做出应对,你同样也可以让自己的直觉引导自己前进。遗憾的是,许许多多的人都在用酒精、尼古丁或其他类型的毒品让自己的直觉彻底瘫痪。

CHAPTER

钻石是在高压下产生的，你也一样

下面这个道理你一定明白:在自然界中,没有什么是纯靠乐趣和雅兴就能发生的。比如那些在森林中生长了几百年的大树。它总有一天也会经受不住风雨的摧残而倒下,但它便就此消失了吗?没有!恰恰相反,它会逐渐腐朽,然后一点点地被大自然重新吸收到地表之下。在巨大的压力下，有一样新的东西会在某个时刻产生，它就是煤炭。如果煤炭承受的压力也足够大，那它便会成为钻石。说得笼统一些吧：每种承受外界压力的物质早晚都会经受不住重压，从而转化成新的物质。

这个简单的定律彻底改变了我的生活。我会让自己不断地出现在压力大到难以估量的场景之中，以便让自己获得崭新的、疯狂的、创造性的元素。这又与你和你的生活有什么关系呢？我认识的绝大多数人整天都会努力避免疼痛和压力，因为他们担心会有什么事发生在自己身上。而我相信，我们必须冲进激流之中，才能正确地把握生命的风帆。水手只有在远洋之中才能学会如何让船只在面临最大的阻力时还能保持在航线上，所以我才会如此频繁地参加那些能让我面对个人极限的培训课程。比如两年前，在马来西亚的一个工作坊中，我必须在被蒙住双眼的情况下躲避格斗者的攻击，因为我需要用这种方式学会如何相信自己的直觉。实验开始前，我感到慌乱恐惧，手心里全是汗，然而却让我亲身体验了自己内心的指南针是多么强大。有一件事，你一定要在测试自己极限的时候提前做好心理准备：一旦激素开始大量分泌，你的智商一定会降到冰点，

因此你再也无法清醒地思考了。简而言之：情绪上涨，智商下降——你务必学会适应这种情况。

在人生的很多场景中，我都曾经觉得自己再也无法承受住外界的压力了。我曾错误地认为自己身处在一个充满快乐的星球中，后来我才明白自己其实一直都处于冒险的过程中，而我只能在有限的范围内去左右这场冒险。在这个充满挑战的星球上，最重要的莫过于发现自己所有隐藏的能量。

在你人生的哪些场景中，你曾觉得压力已经大到令你几乎无法承受？

1._____
2._____
3._____
4._____
5._____

最终的结果是什么？

1._____
2._____

3._____

4._____

5._____

　　自然界中的一切都是和谐的。为了找回自己的节奏，动物既不需要气功，也不需要声波疗法。它们只需要让自己行动起来，和其他的生物建立联系，然后遵从自然的大计划。想象一下吧：如果所有的动物都因为压力和疲惫而去就医，并开始诉说自己的不幸，那会怎样？草原上的兔子绝不会在逃跑之前先练练藏地五式，因为它没有这个时间；鸟儿同样也不会坐在树枝上，对着自己的同伴抱怨道："我不想飞，因为我觉得我今天飞不起来。"如果你总是需要来自外部的启迪，那么你很可能会放弃倾听自己内心的声音。能让我们有更多机会获得成就和快乐的是感恩和谦卑。

　　在这里，我想向你推荐一个相当不错的小练习：我在下面为你写出了本人尤为感激的一些事物，在此我想请求你，在表格的右边也能写下你内心所感激的事物。一旦我觉得自己状态不好，我便会开始阅读我的感谢清单，最多

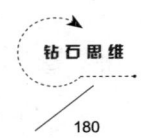

读到第十个词的时候,我便会因为感激而热泪盈眶。

天气 _____

健康 _____

家庭 _____

邻居 _____

金钱 _____

他人 _____

铁路 _____

餐食 _____

服务 _____

官员 _____

网络 _____

技术 _____

如果你想不起太多能让自己感激的事物,下面这些词也许能助你一臂之力:

· 朋友

· 视觉

- 听觉
- 味觉
- 嗅觉
- 舞蹈
- 牙齿
- 花朵
- 牙刷

……

CHAPTER

通往内心之路

在巴西的那段时光中,我曾经历过很多疯狂的事情。如果这个世界上还存在着力量之泉,那么属于我的那股泉水一定会在南美。在那里还曾发生过一件事,这件事我只对我最信任的人讲过:那时的我寄宿在一个朋友的家中,他家在巴西南部的一个小山村里,每四天才会有一班公交车路过。一天夜里,有人突然敲响了我们的房门,我吓得一激灵,静静等着主人去开门。由于那时我的葡萄牙语还很差,所以我只听到一段深沉的男声以及被说话的人反复提起我的名字。我的内心告诉我:肯定是有什么地方出了差错。因为当时我还不认识任何当地人,而村子里的人也没有一个认识我的。

至少我当时是这么想的,随后我便被叫出了房间。厨房的桌子旁坐着一个穿着兽皮的男人,夹杂在他头发中的那些树枝，就仿佛一个花环围绕在他的头顶——我面前这位令人印象深刻的原住民正是当地的长老。他将我搂入怀中，便开始张口说话了。我已经完全被吓呆，只能静静地听着我朋友的翻译，而他也和我同样吃惊。

长老表示，我的到来令他很开心，因为他已经等了我很久。随后，他先是核实了我是不是来自德国的托比，在我点头之后，他一下子便凑到了我身边，对我说道："你可能还吓得回不过神儿呢，但别害怕，我今天来只想告诉你，一切都会好起来的。你人生的最初几年相当艰苦，你曾处处碰壁，没法让自己适应社会中的等级制度，也不知道自己今后能干什么，因为你觉得自己就是什么也不会。你还记得有个儿科医生曾对你妈妈说过，如果你没法适应传统的体制，那她也不必为你担心吗？"我吃惊地摇了摇头，他继续说道："我的任务就是告诉你，有朝一日，你会在千万人面前做演说，而这对你而言简直是易如反掌。你会出版著作，会给他人带来欢乐并让他们成长，就像我在这里做的小事儿一样。我们是兄弟。"

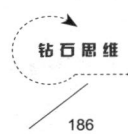

眼前的一切着实令我始料未及,恍惚中,我想起了我的妈妈曾经绝望地带我看过医生,她想让医生看看我是不是一切正常。医生先是让她平复了心情,随后便对她说,有一天我一定会站在很多人面前同他们交谈。我曾经深信生命中的一切都是偶然,但事实真的如此吗?请回想一下自己曾经度过的时光,你有没有经历过如下场景:别人曾打算将你送上某一条道路,事后想想,那时的你也许自己都还无法看清前方的那条路。

如果你已经读到了本书的这一行,那我很乐意让你也能够接触到我的精神导师。精神指导已经同其他领域一样成了我们生活的一部分,这一点你肯定已经知道了。在我的心灵之旅中,给我支持最多的莫过于劳拉·塞勒(Laura Seiler),她的著作和播客常常能够帮助我走进自己的内心世界。此外我还想向你推荐巴哈尔·伊尔马兹(Bahar Yilmaz)和杰弗里·卡斯腾穆勒(Jeffrey Kastenmüller),因为我曾有幸参加他们的培训课程。他们最吸引我的一点是不过度强调"精神场景"的价值,而是以新颖的、时髦的方式来展现精神指导的内容。此外,我在生命中还遇到了艾伦·米歇尔斯(Ellen Michels),她最令人赞叹的才能是让自己进入极高的精神境界。在本章的最后,我还想同你分享一个我心中的信条:内心即外表,外表即内心。请先净化自己的内心,然后你便会发现,你的外在形象也会出现很多始料未及的改变。

CHAPTER

拥抱自己的不完美

　　人们之所以无法取得成就,最主要的原因之一便是他们的过往。这句话我在自己的培训课程中经常听到。比如有些人曾在童年经历过一些比较严重的事情。有几种很好的训练方式能够帮助人们最终摆脱那些过往的经历,然而比这些练习更为重要的是你看待这些遭遇的方式。

　　二十年前,我曾尝试学习日语。在东京的寄宿家庭里,我见识到了这家人是如何用一种积极的方式来对待过往遭遇的。当时收留我住宿的是一个传统的日本家庭;房东爸爸(日语罗马音:Oto-san)养了一些盆栽,他会一连花上几个小时来照顾这些脆弱的、亟须呵护的植物;房东妈妈(日语罗马音:Oka-san)是茶艺师,所以我在耐心和传统习俗方面收获了他们的指导。最让我感动的还是那些精致的瓷质茶碗,它们都很小巧,碗壁很薄,壁上的图案均是手绘而成。与我们的文化不同的是,一个摔碎的茶碗不会被直接扔掉，人们会将它用金粉重新粘接起来，这样，一件全新的、带有美妙线条的珍品便形成了，每一个小茶碗都成了孤品。日本人正是通过这种方式强调了破碎的美。他们相信，曾经破碎的东西会变得比以前更有价值；他们相信，一件东西如果经历过磨难，有了自己的故事，那它就会变得越发美丽。

这一切对于我们人类来说同样也适用。你熬过的那些事情并不会让你的生命变得更加丑陋或糟糕，虽然你也许会这么认为。要不要动笔作画，要不要用金粉将眼泪和伤疤变得美丽，完全取决于我们自己。如果用茶碗打比方的话，你并不会永远都处于破碎的状态，而是会被金粉修复，然后变得更加高贵。那些金粉正是在你人生最灰暗的时光中依旧陪伴着你的家人和朋友，你那些痛苦的经历就好比碎片，而人生则如同一个茶碗。

正因为你已经扛过了一切困难和痛苦，所以你现在要振作起来，从过往中吸取经验，然后成为一个更出色的人。此外你还能做得更好——成为一条光明之路，一座为他人指明方向的灯塔，以便让他们不要再重蹈你的覆辙。如果能做到这一点，那么你的经验便不会显得毫无价值。你可

以充满自豪地将自己的伤痕当成荣誉的勋章,并骄傲地说:"看看我都经历过什么,正是这些经历铸就了今天的我,那个敢于面对一切挑战的我。"

没有人曾拥有过完美的人生,也没有人将会获得完美的人生。是自怨自艾,还是将自己的经验分享给他人,这完全取决于我们自己。你不必为自己的经历而感到羞耻。我深信一点:万事皆有因。如果没有在一个禁止我与外界交往的宗教异端中度过了那么多年,今天的我便不会有这么强烈的使命感,尽管这段经历曾让我忍受了很多,尽管我的意愿曾被无情打碎。

我们封闭自我的时间越长,我们越是爱抱怨,越是抗拒自己的遭遇,那我们面前的道路便越容易变得黑暗,因为一切经历都已经在我们的心中生根发芽。决心接受过去的一切,然后发现自己那段与痛苦的斗争能给他人带来哪些实用的、有意义的启示——没有什么比这更具有治愈效果了。我们会将那些在自己看来丑陋的东西转换成别人眼中美妙的、颇具启迪意义的元素。如果你扛过的事情能够给他人带来启发,那么你经历的一切痛苦和遗憾便都是值得的。生命中的每个章节都会要求一个崭新的你出现,只有当你发现了破碎对于创造一个新版的自我有多么重要时，你才能翻开人生全新的篇章。

你人生中的哪些经历能给他人带来帮助，就好比一段流金岁月？请将这些经历都记录下来：

1._____
2._____
3._____
4._____
5._____

CHAPTER

你彻底变了

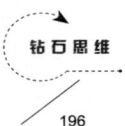

你还记得所有药品广告中最后那句话吗："关于风险和副作用……"最后一章的功能和这句话差不多，因为我想在这里再送给你一条重要的建议：坚持自己的道路！如果你能够坚持贯彻执行这本书中的建议，那么你就能为自己的人生做出一些改变。从今天起，你最常听到的一句话会是"你真的彻底变了"。有一件事我想跟你明说：改变在"抱怨狂"的眼中会是个问题！"抱怨狂"只能从改变中看到灾难，他们希望一切都能照旧。

成功人士会在未来以及每一次改变之中看到成长的机会。我们经常会在生日之际听到这类祝福："保持你现在的样子就好！"注意：这类祝福属于"抱怨狂祝福"。这类人当然不希望你有什么改变。此时此刻，我想稍微提醒你一点：你来到这个世界上，不是为了付清各种账单然后死去的。如果你继续小看自己，隐藏自己，并对一切都充满了恐惧，那么你的做派将不会为任何人带来帮助，至少没法给自己带来帮助。朋友，请为自己的梦想而生活吧，而不是为别人的梦想，不要让那些人借助你的能量和劳力来养肥自己。

　　但这条路注定艰难，注定会非常艰难。决定你能否改变生命中一切元素的，只有一个问题：你有没有准备好为此付出代价？你有没有准备好将你的"自我"往后推一推，让自己经历打磨，并在几年之后过上别人梦寐以求的生活？你来到这个世界上，是为了享受生活的每一个方面。为了让你的光芒得到彻底的释放，你必须让生活的棱角来打磨自己。我想送给你的建议是：学会将"你彻底变了"这句话当成赞美。两个人相遇时，获胜的总会是能量更充足的那个。让自己从这句赞美之词中获得能量吧！你应当为拥有属于你的棱角而骄傲，因为钻石不会是圆的。你应当相信生活，并相信一个事实：你所经历的一切都是用来打磨你的。请记住：最美丽的钻石一定会经历最费力的打磨。不要让自己因为别人的话而放弃属于你的那条路，请相信你自己，相信自己内心的强大，相信自己从生活的每一堂误中获得的力量。

针对你自身以及你的个人发展，你能做的最有帮助的事便是保持坚定，专注于自己的目标，并多结交身边那些有着同样意念的人。人们为什么会失败？因为他们没有坚持自己的道路。他们任凭那些干扰因素充斥着自己的生活，比如电视、社交媒体或电脑游戏。他们会麻醉自己，以便让自己察觉不到疼痛。请不要这样做！让你行动起来的应当是你的激情，请花些时间，让你的这份激情呈现在自己的眼前。曾经有哪个愿望让你从早忙到晚吗？这个愿望曾占据了你的脑海，让你挥之不去？只要你行走在正确的道路上，那么这一切便会发生。你将会进入自己的"心流"，并获得一种沉浸在爱意中的感觉。你起床时不再需要闹钟，你会充满欢喜地过完每一天。你的每一秒钟都会追随那些能将你激情点燃的元素。让自己在迈出的每一步中成长吧！燃烧自我！在前进的道路上，用你的能量感染身边的人，并拉上他们同行！这便是我们在本书的开篇选择的那条路，这便是所有获得了成功和快乐的人曾经走过的、并会继续追随的那条路。现在的你，正在跟随着他们的步伐前进，祝愿你在这条道路上收获更多的快乐！

文献清单

Rhonda Byrne: *The Secret‐das Geheimnis*（《秘密》），Arkana Verlag 2007

Napoleon Hill: *Denke nach und werde reich*（《思考令人富有》），Ariston 2005

Anthony Robbins: *Das Robbins Power Prinzip–Befreie die innere Kraft*（《罗宾的能量原理——释放内心的力量》），Ullstein 2004

John Strelecky: *The Big Five for Life: Was wirklich zählt im Leben*（《生命中最为关键的五大元素》），dtv 2009

William P. Young: *Die Hütte–Ein Wochenende mit Gott*（《小木屋——与上帝的周末》），Allegria 2009

致　谢

有些人通过自己的坚定，促使我在数周乃至数月之后终于坐下来，写完了你眼前的这本书。在我"正常"的生活中，我的身份是一名演讲者，而不是作家，所以这本书也带了几分鲁莽的、不同寻常的、诙谐的元素。从文学的角度来看，这本书绝非完美。简而言之，假如马塞尔·赖希·拉尼奇（Marcel Reich Ranicki）[①]看到了这本书，那他一定会在棺材里翻身。

这本书的内容以我在人格发展以及行为心理学领域15年来的实践经验为基础，所以专业理论层面的正确性并非本书能够满足的要求。

我最想感谢的是我的父母，感谢他们自始至终都那么信任我，即便是在那些艰难的时刻也是如此，比如在我换

[①] 马塞尔·莱希·拉尼奇（1920—2013）：德国著名的文学评论家。

了一所又一所学校的时候，比如在我心怀着宏伟愿望的时候——我曾想通过批发丝绸，让自己在19岁的时候便能够自力更生。

感谢我的妻子丽塔（Rita），她是我的最爱，是我的一面镜子，同时也是我最好的朋友。

感谢我的两个孩子埃米尔（Emil）和玛雅（Maya），他们为我诠释了家庭的意义。

感谢我的视频宣传顾问米拉·吉森（Mira Giesen），感谢她全力参与了本书的创作。

感谢所有曾经相信我的人。

感谢所有曾经质疑我的人，谢谢你们嘲笑我的梦想。

你们都曾给予我巨大的能量，使我从未变成一个"抱怨狂"。单凭这一点，你们便配得上这份特别的谢意！

图书在版编目（CIP）数据

钻石思维 /(德) 托比亚斯·贝克著；杨耘硕译
. -- 北京：北京联合出版公司, 2020.5
ISBN 978-7-5596-4177-9

Ⅰ. ①钻⋯ Ⅱ. ①托⋯ ②杨⋯ Ⅲ. ①成功心理 – 通俗读物 Ⅳ. ①B848.4-49

中国版本图书馆CIP数据核字(2020)第061705号

北京市版权局著作权合同登记　图字：01-2020-2274

Unbox Your Life: Bewohnerfrei Das Geheimnis für deinen Erfolg
(Unbox Your Life: The Secret to Success)
Copyright © 2018 Tobias Beck. All rights reserved.
Published by GABAL Verlag GmbH
Simplified Chinese rights arranged through CA-LINK International LLC (www.ca-link.cn)

钻石思维

著　　者：(德) 托比亚斯·贝克
译　　者：杨耘硕
责任编辑：徐　樟
封面设计：仙　境

北京联合出版公司出版
（北京市西城区德外大街83号楼9层　100088）
北京时代华语国际传媒股份有限公司发行
涿州市星河印刷有限公司印刷　新华书店经销
字数180千字　880毫米×1230毫米　1/32　6.75印张
2020年5月第1版　2020年5月第1次印刷
ISBN 978-7-5596-4177-9
定价：39.80元

版权所有，侵权必究
未经许可，不得以任何方式复制或抄袭本书部分或全部内容
本书若有质量问题，请与本公司图书销售中心联系调换。电话：010-63783806